KB275129

하루에 한 끼
양파요리
비법 노트

일월담

다이어트와 성인병 예방에 좋은 양파

더 맛있게 즐기기

양파만큼 세계 여러 나라에서 동시에 사랑받는 식재료도 없을 듯합니다. 동서양을 막론하고 거의 모든 나라의 부엌과 식탁에서 우리는 양파와 양파요리를 만날 수 있습니다. 이처럼 세계 각국에서 애용되다보니 당연히 그 조리법 또한 헤아릴 수 없이 다양합니다. 생으로 먹기도 하지만 튀기거나 볶기도 하고 삶거나 끓이기도 합니다. 그런데 특이하게도 양파는 열을 가하는 방법과 정도에 따라 매운맛이 서서히 단맛으로 변하며, 이런 성질을 적절히 이용할 경우 거의 모든 음식에서 가장 효과적이고 빼어난 양념으로서의 기능을 하게 됩니다. 세계 여러 지역과 나라들에서 양파가 매우 광범위하고 다양하게 활용되는 기본적인 이유가 이것입니다. 어떤 요리에서든 빠질 수 없는 식재료가 바로 양파인 셈입니다. 보관과 저장도 용이하기 때문에 양파는 어디서나 계절을 가리지 않고 이용할 수 있는 가장 대중적인 식재료가 되었습니다.

양파가 널리 보급되고 각종 요리에서 다양하게 활용되는 또 하나의 이유는 아마도 양파의 건강 기능성 때문일 것입니다. 언제 어디서나 쉽게 구할 수 있는 건강식품인 양파에는 약 150여 가지 종류의 유효성분이 포함된 것으로 알려져 있습니다. 다이어트와 성인병 예방을 위한 대표적인 건강식품이 바로 양파입니다. 양파가 우리 몸에서 하는 다양한 역할 가운데 가장 중요한 것은 한마디로 불필요하거나 유해한 것들을 몰아내고 우리 몸을 깨끗하게 비워주는 기능입니다. 혈관에 쌓인 찌꺼기, 몸 속의 각종 노폐물과 독소를 몰아냄으로써 양파는 우리의 몸을 더 젊고 더 가볍고 더 예쁘게 만들어줍니다. 이처럼 양파는 먹는만큼 우리 몸을 가볍게 만들어주는 놀라운 식품입니다.

양파의 다양한 유효성분 가운데 가장 유명한 것이 퀘르세틴, 루틴, 유화아릴의 세 가지입니다. 퀘르세틴은 양파에 다량 함유되어 있으며 항산화작용을 담당하여 고혈압, 동맥경화, 암의 예방에 기여하는 것으로 알려져 있습니다. 이런 이유로 양파를 밭에서 나는 불로초라고도 부릅니다. 루틴은 비타민C의 작용을 돕고 모세혈관을 비롯한 우리 몸의 혈관벽을 튼튼하게 만들어주는 성분입니다. 유화아릴은 양파 특유의 향과 매운맛을 내는 성분인데, 에너지대사와 관련이 있는 비타민B₁의 흡수를 촉진시키는 기능을 갖고 있습니다. 이로써 우리 몸의 신진대사가 활발해지며, 그 효과로 피가 맑아지고 피로가 사라집니다. 또 신경증이나 불면에도 효과를 발휘합니다. 그만큼 우리의 몸이 젊고 건강해지는 것입니다.

양파, 더 쉽고 맛있게 즐기려면?

양파가 우리 몸에 좋다는 사실은 이제 상식이 되었습니다. 텔레비전 등의 다양한 건강 관련 프로그램들에서도 하나 같이 양파를 대표적인 건강식품으로 연일 소개하고 있습니다. 양파즙이 다이어트에 효과적이고 건강에 큰 도움이 된다는 사실이 알려지면서 양파즙을 대량으로 생산하여 판매하는 업체들도 속속 늘어나고 있습니다. 쉬운 일이 아니기는 하지만 매일 생양파를 한 개 이상 먹고 비만에서 벗어났다는 사람들도 많습니다. 양파를 통해 온가족의 사계절 건강을 챙긴다는 양파 마니아들의 이야기도 심심찮게 들을 수 있습니다. 저 또한 이 책을 준비하면서 그런 분들을 여럿 만났습니다. 이 분들은 양파의 효능에 대해 저보다 훨씬 많은 것을 알고 계셨고, 실제로 일상에서 다양한 효과를 보고 있다고 했습니다. 문제는 아무리 몸에 좋고 구하기 쉽다고 해도 매일매일 양파를 먹기는 쉽지 않다는 점입니다. 과도한 비만이나 성인병의 초기 증상을 앓고 계신 분들은 양파즙 등을 약 삼아 드신다지만, 일반인이 매일 양파나 양파요리를 즐긴다는 것은 확실히 쉬운 일이 아닙니다. 그만큼 다양한 양파요리가 많은 사람들에게 익숙하지 않기 때문입니다.

　요리로 말하자면 언제든 다른 사람들보다 할 말이 많은 편인지라, 아예 양파 요리를 주제로 한 책을 한 권 써보면 어떨까 하는 생각을 하게 되었고, 실제로 이 책을 내게 되었습니다. 저는 요리를 사랑하고 가르치는 사람이지 건강이나 의학을 공부한 사람이 아니기 때문에 책의 앞부분에 해당하는 양파의 성분이나 효능 부분은 다른 사람들의 도움을 많이 받았습니다. 특히 이 책을 낸 일월 담출판사 편집팀의 노고가 컸습니다. 책을 만들며 저 또한 양파를 둘러싼 다양한 이야기들을 듣고 많은 공부를 할 수 있었으며, 양파야말로 가장 값싸게 건강을 지켜주는 최고의 파수꾼이라는 사실을 확신하게 되었습니다. 책의 뒷부분은 이런 몸에 좋은 양파를 어떻게 하면 가장 맛있게 요리해서 즐길 수 있을지 그 레시피를 다양하게 선보인 것입니다. 이를 참고하여 우리의 식탁에서 양파요리가 떨어지지 않게 한다면 국민 모두가 건강한 세상도 멀지 않을 것으로 확신합니다. 모쪼록 이 책을 통해 보다 많은 사람들이 양파의 효능을 올바로 이해하고, 저마다의 사정에 따라 양파를 다양하게 즐김으로써 보다 젊고, 보다 가볍고, 보다 예쁜 삶을 누리실 수 있게 되기를 진심으로 기원합니다.

2013년 늦가을 일산에서
저자 미코유 김민지

차 례

((PART I
벗길수록 신비한 양파 이야기))

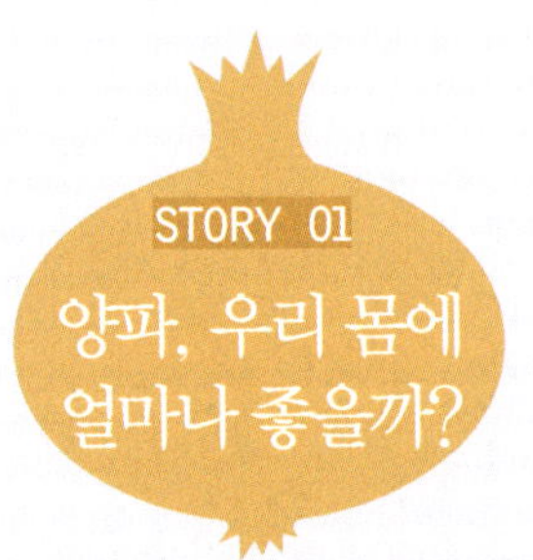

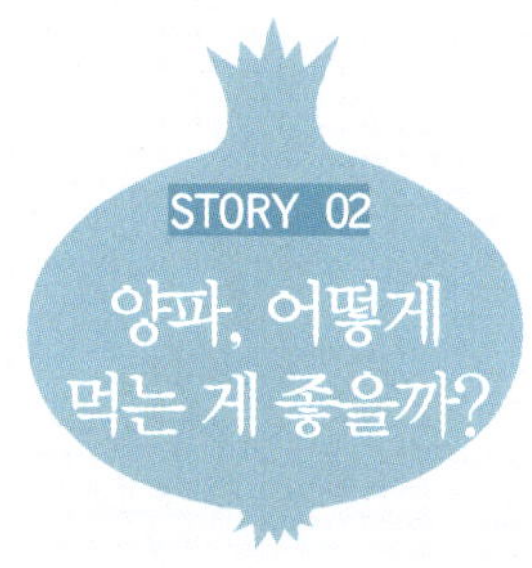

STORY 02
양파, 어떻게
먹는 게 좋을까?

STORY 03
양파, 바로 알고
바로 먹기

RECIPE 31~39
간편하게 준비해요!
음료 & 디저트

RECIPE 40~50
온가족이 좋아해요!
도시락 & 간식

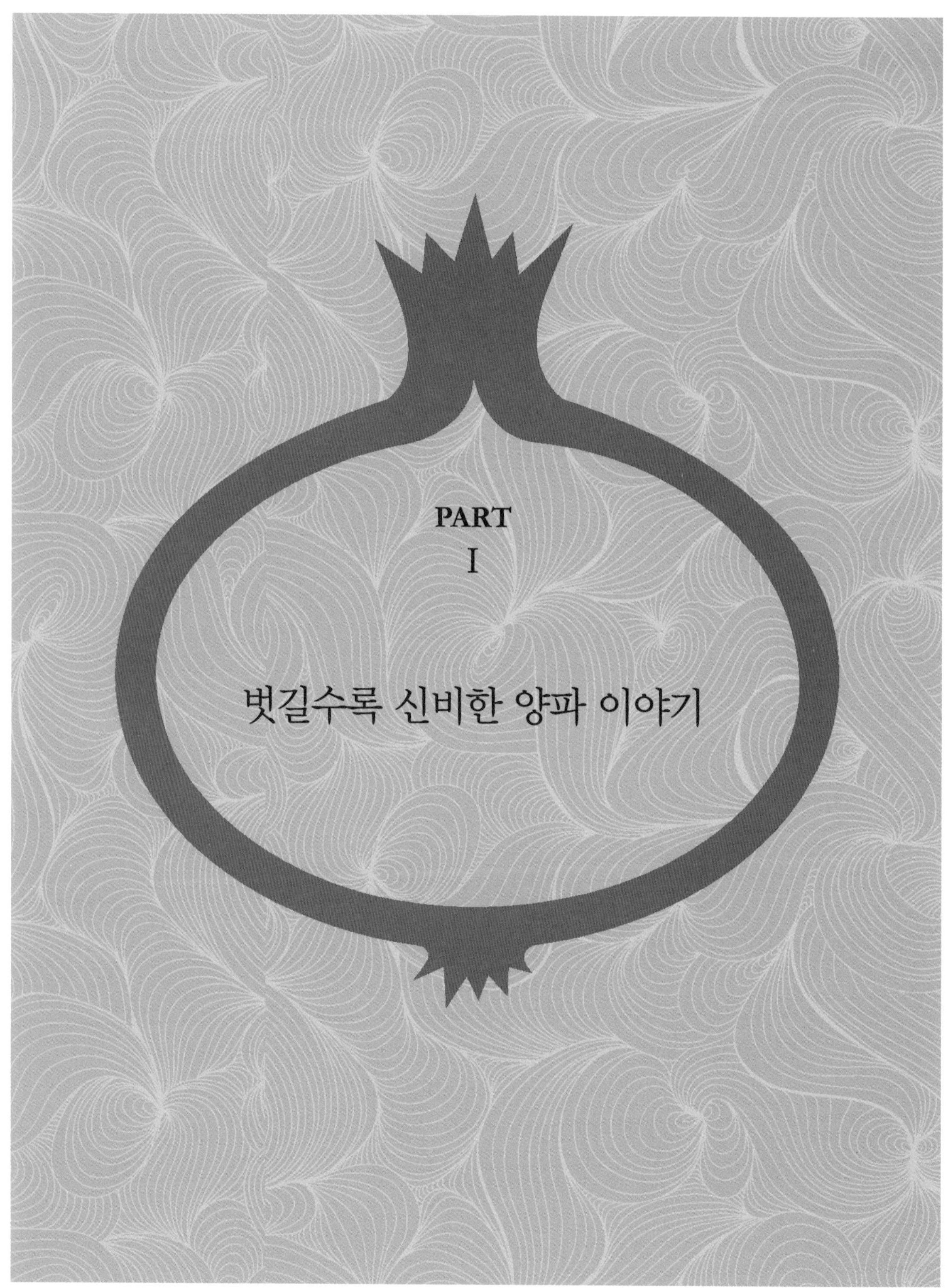
PART
I

벗길수록 신비한 양파 이야기

ONION

성남시 분당구 야탑동에 15년째 거주 중인 회사원 한 모 씨(남. 46세)가 양파 생식을 처음 시작한 것은 2010년 5월의 일이다. 병원 정기검진 결과 혈압이 140/86으로 고혈압 판정을 받았다. 166cm에 68kg의 체중도 줄일 필요가 있다는 이야기를 들었다. 평소 건강에 자신이 있는 건 아니지만 별다른 걱정 같은 것도 하지 않던 그였다. 과식하는 습관은 없지만 특별한 운동 같은 것 또한 하는 게 없었다. 20대 초반에 시작한 담배는 5년 전에 끊었고 주량은 주 5회에 보통 소주를 한 병 반 정도 마신다. 이래서는 안 되겠다 싶었다. 성인병을 걱정해야 할 나이였다. 나태해진 자신을 채찍질하고 무언가 일상의 변화를 찾아야겠다는 생각이 들었다.

병원에서는 고혈압 약을 권했다. 그런데 조금 망설여졌다. 한번 고혈압 약을 먹기 시작하면 평생 입에서 뗄 수 없다는 이야기를 들은 기억이 났기 때문이다. 식이요법과 운동으로 혈압을 낮춰보리라 마음먹었다.

인터넷을 찾아보니 '혈압과 소금기는 상극'이라는 이야기가 있었다. 나트륨을 몸에서 배출하려면 채소를 많이 먹으라는 정보도 찾아볼 수 있었다. 채소 중에서도 양파가 으뜸이라고 했다. '양파 생식'이라는 신세계를 처음 발견하는 순간이었다.

양파, 먹을수록 가벼워진다

매일 양파 생식을 하는 데 별다른 어려움은 없었다. 양파만큼 구하기 쉽고 저렴한 식품도 흔치 않았다. 그런데 돌이켜보면 매일 매순간이 만만치 않은 고난의 연속이었다. 몸에 좋은 보약도 매일 챙겨먹기가 힘든 법인데 하물며 맵고 냄새 나는 양파였다.

아침에 일어나면 물 한 잔 마신 다음 깍뚝썰기로 큼직하게 썰어 플라스틱 밀폐용기에 보관해 둔 생양파를 씹었다. 반 개 정도를 그렇게 날로 먹었다. 당시 직장 동료와 카풀Car Full을 하던 때였는데, 하루는 같은 차를 타고 가던 동료가 이렇게 투덜대는 것이었다.

"어디서 양파 냄새 나지 않아?"

그래서 껌을 씹어보기도 했지만 냄새는 쉽게 사라지지 않았다. 그렇다고 양파 생식을 포기할 수는 없었다. 분명치는 않지만 서서히 몸에 변화가 생기고 있음을 느끼기 시작했던 것이다. 결국 나중에는 양파 생식이 아니라 카풀을 포기하고 말았다. 물론 그 맵고 아린 것을 매일 아침 먹는다는 중압감도 보통은 아니었다. 힘들 때는 오이, 당근, 바나나 등의 다른 채소나 과일들과 함께 섭취했다.

식사 시간에도 반찬에 들어 있는 양파를 일부러 골라먹곤 했다. 그렇게 하루에 한 알 정도의 양파를 섭취했다. 식사량을 많이 줄이지는 않았다. 다만 저녁에 과식하지 않으려 노력했고, 초반에는 헬스클럽에 다니며 간단한 운동(러닝머신 20분 스트레칭 15분 등)을 거르지 않았다. 양파가 몸에 들어와서 순기능을 하기 시작할 즈음, 한 씨는 몸이 평소와는 달라지고 있다는 것을 분명히 느꼈다. 특히 배변 시에 그랬다.

양파 생식 후 3개월여 만에 첫 번째 변화가 찾아왔다. 몸무게가 무려 10kg가량 줄어든 것이다. 혈압도 120/78로 정상수치 안에 들게 되었다(이 몸무게와 혈압은 3년이 지난 지금까지 별 이상 없이 유지되고 있다). 나트륨 배출을 통해 고혈압을 치료하려던 양파 생식이었는데, 체중 감량이라는 더 직접적인 효과를 맛보게 된 셈이다.

새롭게 양파 생식을 시작하려는 사람들에게 한 씨는 다음과 같은 충고를 하고 싶다고 한다.

❶ 양파는 언제 어디서든 적극적으로 섭취할 것.

❷ 생양파가 가장 좋지만, 여건이 허락되지 않는다면 장아찌 형태나 양파즙도 좋음.

❸ 양파만 믿지 말고 과식(특히 저녁식사 때), 짜고 자극적인 음식의 섭취 등을 스스로 멀리하고자 노력할 것.

보이지 않는 '양파 열풍'이 계속되고 있다. 항암 효과를 위해, 다이어트를 위해, 혈압 관리를 위해, 생활습관병 예방과 치유를 위해, 성기능 촉진을 위해, 감기와 불면증과 변비를 치료하기 위해 양파를 찾는 사람들이 늘고 있다. 양파가 가진 다양한 약리작용을 연구하는 한편 일상 속에서 양파 섭취를 습관화하고자 노력하는 이들도 늘어나고 있다. 인터넷 쇼핑몰에서는 '양파즙' 관련 상품이 1만 개를 넘어선 지 오래다.

1년 365일 계절에 관계없이 언제 어디서나 구하기 쉽고 값도 비교적 저렴한, 우리 식탁에서 늘 빠지지 않고 등장하는 단골 식품 중 하나가 양파다. 그 효능을 제대로 알고 섭취한다면 양파와 양파요리를 대하는 우리의 자세가 조금은 달라지지 않을까.

톡 쏘는 향의 비밀

양파의 약성과 효능에 대해 설명할 때 우리는 항상 다음과 같은 질문에 부닥치게 된다. 매운 향과 맛을 즐거움으로 여기며 생으로 먹는 게 더 좋을까, 아니면 익혀서 먹어도 괜찮은 것일까? 정답은 '그렇기도 하고 아니기도 하다'라고 할 수 있다. 어떤 성분은 열을 가했을 때 크게 줄어들지만, 또 어떤 유효성분은 익히거나 즙을 내어 보관해도 별 손실이 생기지 않으니 말이다.

양파 100g에는 (품종, 수확 시기, 토양, 기후 등에 따라 다소 차이는 있지만) 수분 90g, 당질 약 8g, 단백질 1g이 함유되어 있다. 채소 중에는 단백질이 많은 편이다. 포도당, 설탕, 과당, 맥아당 등의 성분으로 인해 특유의 단맛이 나는 양파는 또한 칼륨, 칼슘, 철, 인, 나트륨 등 무기질과 식이섬유, 엽산이 풍부하다. 비타민C는 10~20mg이나 함유되어 있다. 반면에 나트륨 함량은 낮으며 지방은 아예 없다.

양파는 특이한 매운맛을 내는 알릴 디설파이드 allyl disulfide 성분을 가지고 있다. 이는 열을 가했을 때 일부는 기화되고 일부는 분해되어 설탕의 50배 단맛을 내는 프로필메르캅탄 propylmercaptan 을 형성한다.

알릴 디설파이드는 사실 양파뿐 아니라 파와 부추, 마늘 등에 들어 있는 자극적인 냄새 성분이다. 살균, 항균, 혈액순환 개선으로 성인병 예방과 항암 효과가 뛰어난 물질로 알려져 있다. 양파를 굽고 볶고 튀길 때 단맛이 나는 것은 바로 이 알릴 디설파이드 때문이고, 양파를 까고 자를 때 눈물이 나는 것 또한 바

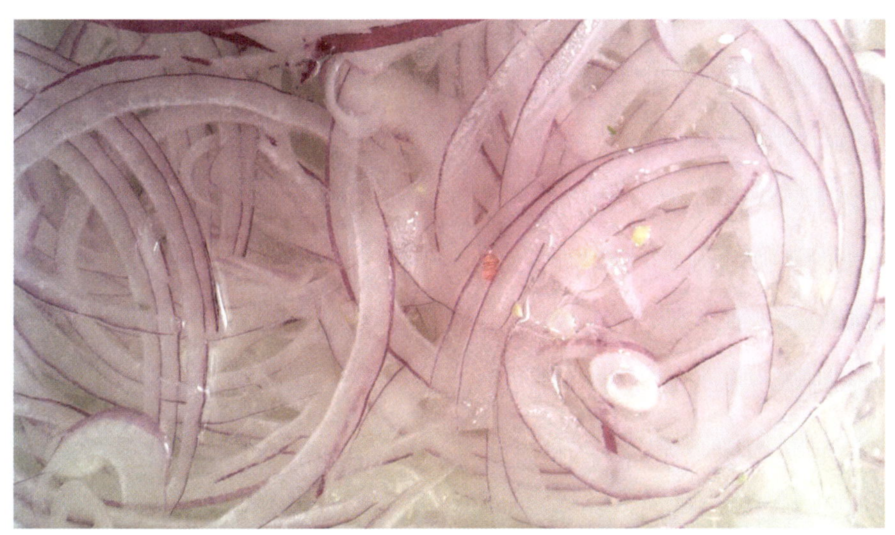

〈표 1〉 양파의 식품성분 분석표(가식부 100g당)

구분			국내산	중국산	동결 건조한 것	삶은 것
칼로리(kcal)			34	28	339	36
수분			90.1	91.8	5.9	89.6
단백질			1.0	0.9	11.7	1.2
지질(g)			0.1	0.1	1.0	0.1
탄수화물	당 질(g)		8.0	6.4	77.6	8.4
	섬유소(g)		0.4	0.6	0.4	0.3
회 분(g)			0.4	0.2	3.4	0.4
무기질	칼 슘(mg)		16	10	36	16
	인(mg)		30	25	298	39
	철(mg)		0.4	0.3	1.9	0.5
	나트륨(mg)		2	2	7	2
	칼륨(mg)		144	59	1726	120
비타민	A	비타민A(R.E)	0	0	0	0
		레티놀(μg)	0	0	0	0
		베타카로틴(μg)	0	0	0	0
	B_1(mg)		0.04	0.06	0.31	0.03
	B_2(mg)		0.02	0.02	0.26	0.01
	나이아신(mg)		0.1	0.1	1.1	0.1
	C(mg)		8	17	32	4

로 이 성분 때문이다.

"눈이 작아 고민하는 여성들은 양파를 많이 썰라"는 이탈리아 속담이 있다. 양파를 썰다 보면 그 휘발성분 때문에 눈물이 나곤 하는 현상에서 나온 이야기다. 눈물을 자주 흘린다고 작은 눈이 커지는지는 모르는 일이지만 말이다.

그런데 눈물을 흘리게 만드는 강한 최루성 물질lachrymator이 양파에 따로 존재하는 것은 아니다. 다만, 양파 세포 속에는 '최루성 물질로 바뀌는 물질'과 '그 물질을 최루성 물질로 바꾸는 효소'가 함유되어 있다. 따로따로 분리되어 존재하는 이 성분들이, 양파를 까서 썰거나 다질 때, 세포 안에서 서로 반응하여 눈물이 나게 하는 최루성 물질로 바뀌는 것이다.

마늘의 경우 알린alliin이라는 성분이 알리나제alliinase라는 효소에 의해 알리신allicin으로 바뀌면서 특유의 냄새가 난다. 양파는 알린 대신 구성은 같고 구조는 다른 'trans-(+)-S-(1-propenyl)-L-cysteine sulfoxide' 성분이 있다. 이 성분이 알리나제 효소에 의해 '1-proponesulfenic acid'를 생성한 후 최루성이 강한 물질 'propanethial S-oxide'를 배출하는 것이다.

양파의 최루성분은 최소 50개 이상의 화학구조를 가지는 것으로 확인되었다. 주요 향기성분으로는 dihydrogen sulfide, mercaptan, alcohol류, disulfide류 thiol methyldisulfide, allyldisulfide, trisulfide류, aldehyde류 등을 꼽을 수 있다.

양파와 퀘르세틴quercetin

양파에는 플라보노이드(식물에 널리 함유된 물질로 강력한 항산화 효과가 있음)의 일종인 퀘르세틴 성분이 풍부하다. 양파의 종류에 따라 kg당 0.06~1g가량 포함되어 있다. 특히 양파 껍질에는 가식(可食) 부위보다 훨씬 많은 퀘르세틴(kg당 2~20g)이 함유되어 있다.

퀘르세틴은 포도, 녹차를 비롯한 많은 종류의 과일과 채소에도 들어 있는 물질이다. 이것이 최근 각광을 받고 있으니, 이 물질의 약리작용에 대한 각종 연구보고서마다에서 '항산화, 항염증, 항혈전, 항알레르기 효과가 있다'고 꾸준히 지적되고 있는 때문이다. 퀘르세틴은 강력한 항산화제로 혈관 벽의 손상을 막고 혈관의 확장과 수축을 원활하게 하여 동맥경화를 예방한다.

앞서 소개했듯 퀘르세틴은 양파에, 특히 양파 껍질에 많이 들어 있다. 양파는 겉껍질을 제외하고 총 8겹으로 구성되어 있는데, 퀘르세틴이라는 물질은 속에서 겉껍질 쪽으로 갈수록 더 많이 함유되어 있다. 따라서 양파를 요리할 때 껍질을 너무 많이 벗기는 것은 좋지 않다. 양파로 육수를 낼 때, 껍질을 벗기지 말고 잘 씻어서 통째로 넣는 것이 좋다는 것도 이 때문이다.

퀘르세틴은 열에도 강한 성분이다. 그래서 생양파(42.09mg/100g)나 삶은 양파(40.26), 구운 양파(39.85), 튀긴 양파(40.04) 모두 그 효과에 큰 차이가 없다.

양파에는 퀘르세틴과 함께 펙틴pectin과 캠퍼롤Kaempferol도 다량 함유되어 있

다. 펙틴은 혈액 내 콜레스테롤을 분해하여 혈전이 생기는 것을 예방해준다. 캠퍼롤은 역시 항산화 물질로 양파 껍질에 많이 분포되어 있다.

양파, 밭에서 나는 불로초

양파의 뛰어난 약리적 효능에 대한 연구가 활발해진 것은 1990년대부터다. 그런데 양파는 고대부터 매우 중요한 건강식품으로 인정되었다. 기원전 2,500년 무렵 이집트에서 피라미드를 건설할 때 노동자에게 날마다 배급해주었던 게 마늘과 양파였다. 온종일 뙤약볕 아래서 무게가 2톤이나 되는 돌을 나르는 노동자들의 스테미나 증진에 최고의 식품으로 양파가 선택되었던 것이다. 성경에도 모세를 따라 이집트를 탈출하여 약속의 땅 가나안으로 향하던 유대 백성들이 고난을 견디다 못해 "이집트에 남아 있었더라면 양파와 마늘, 나일강의 물고기를 배불리 먹을 수 있을 텐데……." 하며 한탄하는 장면이 나온다. 그 만큼 양파는 오래 전부터 인류의 소중한 건강식품으로 그 자리를 지켜왔다고 할

수 있다.

중국에서 양파는 발한, 이뇨, 최면, 건위, 강장 등의 효과가 인정되어 거의 끼니마다 식탁에 등장하는 일용식품의 하나다. 육류와 튀김, 볶음 등 기름진 음식을 즐기는 중국인들이 비교적 비만하지 않고 심장병 환자가 적은 일명 '차이니즈 패러독스'의 비결은 그들이 일상에서 즐겨 마시는 차와 함께 매끼 섭취하는 양파에 있다고 한다. 중국에서 양파차는 해열, 두통, 콜레라, 이질 치료에 사용되어 왔다. 중국인들의 기생충 발생이 적은 것도 다름 아닌 양파 덕분이다. 유럽과 아시아 사이에 위치한 코카서스 사람들의 식생활을 조사한 어떤 연구에 의하면 장수자들 가운데 양파를 즐겨 먹는 사람이 많았다고 한다. 이처럼 양파는 건강식품으로서 전 세계에서 애용되어 왔다.

우리나라에도 양파와 관련된 민간요법이 적지 않다. 신경통·관절염·화상의 치료, 얼굴 주름살 제거, 발모, 정력 증강, 기관지 천식, 두드러기, 피부 발진의 치유에 도움을 주는 것으로 알려진 식품이 바로 양파다. 『동의보감』에서는

양파가 감기, 변비, 피로, 불면증, 동맥경화 예방, 혈액순환, 해열 작용, 변비 예방, 신장기능 강화, 간장 기능 강화 등에 효과가 있다고 언급하고 있다.

앞서 지적한 것처럼 양파의 놀라운 약리 효능은 양파의 톡 쏘는 맛과 냄새를 유발하는 '유황화합물'에 의한 것이다. 또한 양파에 함유된 펙틴, 플라보노이드, 글루타티온, 셀레늄 등도 항산화, 항암, 해독작용 등과 관련이 있는 물질들이다.

현대인에게 발생하기 쉬운 성인병 예방에 탁월하여 '밭에서 나는 불로초'라는 별명을 얻기도 한 양파. 육질이 단 것보다는 매운 것에 약리 효과가 뛰어난 유효성분이 더 많다고 한다.

양파의 살균력

미국의 초대 대통령 조지 워싱턴은 감기에 걸리면 잠자리에 들기 전 양파 한 알을 구워 먹으며 이를 치유했다는 일화를 남겼다. 고대 이집트에서는 나무 화살촉의 부식을 방지하기 위하여 양파즙을 발라두었다고 한다. 이 같은 일화에서 다시금 확인할 수 있는 것이 양파의 뛰어난 항균작용이다.

루이 파스퇴르는 19세기 중반 양파에 항균성분이 들어 있음을 밝혀냈고, 이후 실험에서는 양파에 대장균 결핵균 등 다양한 병균을 죽이는 성분이 있음을 재차 확인했다. 러시아 과학자들은 양파가 패혈증에도 효과가 있다고 주장했

다. 생양파를 3~8분간 씹고 있기만 해도 입 속이 무균상태가 된다는 것이다. 이라크 바그다드대학의 알달라이미 알리 박사 연구팀은 '병원성 균 배양액에 양파 추출물을 4% 농도로 첨가하면 이들 균의 생육이 억제된다'고 발표하였다. 미국 플로리다대학의 헤이미 박사는 '고깃덩이와 햄 샐러드에 병원성 균을 접종하고 양파 추출물을 동시에 첨가하면 병원성 균의 생육이 억제되어 식품의 부패를 방지할 수 있다'고 주장했다.

고기를 재울 때 양념에 양파를 넣어 버무리면 오랫동안 보관할 수 있는 것도 양파의 항균작용과 무관치 않다. 식중독을 일으키는 살모넬라균을 살균시켜주므로, 여름에는 특히 양파를 자주 먹는 것이 좋다.

현대과학에서 양파의 항균작용은 냄새성분인 S-메틸시스테인과 S-n-프로필시스테인에서 유래한다고 하는, 또는 피루빈산에서 유래한다고도 하는 두 가지 이론이 존재한다. 어느 설이 정확한지에 대하여는 보다 명확한 연구가 있어야 할 것이다. 여하튼 양파에 항균물질이 존재한다는 점만은 분명하다. 최근에는 양파가 위염을 일으키는 미생물로 알려진 헬리코박터균의 성장을 억제할 수 있다는 사실도 밝혀졌다.

양파와 혈액순환

양파의 여러 효능 가운데 최근 가장 주목받는 것은 혈액순환을 원활히 하여 순환기 계통의 질병을 예방하는 효능이다.

순환기 계통 질병의 대표격인 동맥경화는 혈관 내벽에 콜레스테롤이 침착되면서 발생한다. 이를 중심으로 혈전이 형성되면 혈액의 흐름을 막으면서 혈압이 높아지고 심근경색, 뇌졸중 등 혈액 순환기 계통의 질병이 발생한다. 그런데 이에 대응하는 약성이 파·양파·마늘 등 파속(-屬)Allium 식물들, 특히 마늘과 양파에 다량 함유되어 있다는 것이다.

양파와 마늘이 심근경색, 심장 발작, 고지혈증, 류머티즘을 예방하고 혈관질환을 치료하는 효과가 있다는 과학적 분석은 다양한 연구에서 밝혀진 내용이다. 일본 나고야대학의 모리미츠와 카와키시 박사는 사람의 동맥에서 혈소판을 분리하고 응고측정기를 이용하여 양파가 혈액 응고에 미치는 영향에 대한 실험을 실시한 결과 '양파 추출물에 혈액 응고를 억제하는 효과가 있다'고 밝혔다. 이러한 '항 응고 물질'은 양파의 조직이 붕괴될 때 몇 가지 화학 작용이 일어나면서 생기는데, 이때 효소의 촉매반응이 작용한다.

또 양파의 최루성분이 다른 물질과 반응하면 혈액 응고 억제제가 생성된다는 사실이 밝혀졌다. '특히 향이 강한 양파일수록 혈전 억제 작용이 높다'는 사실을 확인한 미국 위스콘신대의 골드만 박사 연구팀은, 현재 양파 또는 관련 성

분을 어느 정도 섭취할 경우 혈전을 유효하게 방지할 수 있는지에 대한 연구를 한창 진행 중이다.

양파에는 더불어 플라노보이드의 일종인 퀘르세틴이 겉껍질에 상당량 함유되어 있다. 이 성분은 강력한 항산화제로서 세포의 산화적 손상 및 지방의 산패를 막아주며, 이를 통해 고혈압을 예방하는 효과도 갖고 있다. 네덜란드 바허닝언Wageningen 농업대학 연구팀은 최근 '양파 퀘르세틴의 체내 이용률이 차의 2배, 사과의 3배 이상 높다'고 발표하였다.

혈액 내 콜레스테롤의 침착 또한 순환기계 질환과 밀접한 관련이 있다. 인도 모힌드루 교수 연구팀은 "건강한 쥐에 '몸무게 70kg의 성인이 하루에 50g의 양파를 섭취하는 양'에 해당하는 양파를 30일간 공급하였더니 혈중 콜레스테롤 수준이 14.6% 감소했다"고 발표했다. 또한 적혈구 세포를 분석한 결과 '세포막 내 콜레스테롤이 약 32% 정도 감소하였으며 전체적으로 지질 함량이 감소'하는 경향을 보였다고 한다.

또 인도 S. N. 의과대학의 미즈라 연구진은 의대생과 연구진을 대상으로 '아침에 버터 100g과 양파 50g을 같이 섭취'한 집단과 '버터 100g만을 섭취'한 집단을 나누어 혈액을 채취 검사하는 실험을 벌였다. 그 결과 양파를 섭취하지 않은 집단에서는 고지질증에 해당할 정도로 총 콜레스테롤 함량이 높아졌으나, 양파를 같이 섭취한 집단에서는 총 콜레스테롤 함량이 평상시와 다름없었다. 양파에 혈중 콜레스테롤 함량을 낮추는 효과가 있음을 입증하는 결과다. 다시

말해 양파가 지방 흡수를 저해
하지는 못하지만, 체내에 흡수
된 후 지질대사과정에서 콜레
스테롤 형성을 억제하거나 이
미 존재하는 콜레스테롤의 분
해를 촉진하는 데 관여하고 있
다는 추측이 가능하다. 건강한

남자가 양파 60g을 식용기름에 넣고 튀겨서 먹으면 혈액 속의 콜레스테롤 수
치를 낮추는 데 오히려 큰 효과가 있다는 보고도 있다.

양파와 정장整腸

　양파의 또 한 가지 주목할 만한 약성은 장을 깨끗하고 건강하게 만드는 정장
기능이다. 양파는 체내 활성산소를 줄이고 위염을 일으키는 미생물인 헬리코
박터 세균의 성장을 억제함으로써 위장을 보호해준다. 또 알리인alliin계 휘발성
분이 위와 장의 점막을 자극하고 소화를 촉진시켜 장 무력증에 효능을 나타낸
다. 따라서 장이 안 좋거나 배변 장애가 있는 사람은 공복에 양파를 섭취하여
효과를 볼 수 있다.

양파와 당뇨병

췌장에서 분비되는 인슐린이 부족하여 혈중 포도당을 세포조직으로 보내지 못하고 혈액에 당분이 많아져 이것이 소변으로 배설되는 질병이 당뇨병이다. 유전적 요인과 식생활과 관련된 후천적인 요인 등 두 가지 원인에 의해 발병하는 당뇨병은 그 자체도 문제지만, 당과 단백질이 결합하여 당단백질이 되면 혈액순환기 계통의 질병으로 진행되고 백내장 등 각종 합병증을 일으킨다는 점에서 더욱 위험하다. 당뇨병을 치료하기 위해서는 혈중 당 농도를 조절하는 호르몬인 인슐린을 공급받아야 하는데, 값도 문제지만 매일 주기적으로 주사를 맞아야 하는 고통이 따른다. 이 같은 당뇨병의 예방과 치료에 도움이 되는 식품이 바로 양파다. 양파는 체내 인슐린 분비를 촉진시켜 혈당을 내리는 효과가 있으므로 당뇨병의 예방과 치료에 어느 정도 도움을 준다. 균형 잡힌 식생활과 더불어 꾸준히 양파를 먹는 습관은 당뇨병으로부터 우리의 건강을 지키는 데 도움을 줄 수 있다.

양파의 항암작용

암 예방 식품에 관한 다양한 연구들이 지난 수십여 년 동안 세간의 관심을

끌고 있다. 암이 발생하는 데는 흡연 등 여러 가지 추정 원인이 제시되고 있는데 그 가운데 유력한 하나가 매일 섭취하는 음식 문제다. 실제 남성 암의 30~40%와 여성 암의 60%가 음식물과 관련이 있다고 지적되고 있다.

아직은 미생물 또는 실험동물 수준이긴 하지만, 향신료 식물 가운데 항종양·항암 물질이 함유되어 있다는 실험 결과가 종종 발표되고 있다. 항암성 물질이 함유되어 있는 대표적인 식품의 한 가지가 바로 양파다.

5년간 막대한 연구비를 투입하여 약용식물, 향신료, 임산물, 과실, 채소, 특용작물 등 거의 모든 식물을 대상으로 연구 분석한 미국의 국립암연구소National Cancer Institute는 "마늘, 양배추, 감초, 대두, 생강, 셀러리과 식물, 양파 순으로 암 예방에 효과가 있는 성분이 다량 함유되어 있다"고 발표하였다. 이처럼 양파는 최고는 아니지만 우리 곁에 가까이 있는 암 예방 식물로 매우 높은 위치를 차지하고 있다.

최근에는 양파의 수용성 추출물뿐 아니라 지용성 물질의 효능에 대한 연구도 활발하다. 양파의 지용성 황화합물은 암의 개시 단계에 효과가 있으며, 발암물질에 의해 발생하는 대장암, 폐암, 위암의 예방에는 황화 디알릴diallyl sulfide의 효과가 탁월하다고 한다.

우리나라에서도 경상남도농업기술원이 경북대, 경상대와 공동 연구를 통해 양파 추출물의 항암 효과에 대한 연구 결과를 발표했다. 그 결과 양파와 양파 껍질에 함유된 약리성분의 추출물에 동물의 암세포 성장 억제 효능이 있음을

확인하였다. "75% 에탄올 추출물이 암 관련 효소 활성의 저해, 복수암·피부암·위장암 등의 억제에 효과가 있다"는 것을 확인한 연구팀은 "성인 기준으로 하루 50g 정도의 추출물을 2년 이상 장기간 섭취"해야 효과가 있는 것으로 분석했다. 또 양파의 항산화 성분인 퀘르세틴 역시 백내장, 심혈관 질환 외에 유방암·대장암·난소암·위암·폐암·방광암 등의 질병에 효과가 있는 성분임이 확인되었다.

양파와 피로 회복

마늘 특유의 자극적인 향기성분인 알리신allicin은 비타민B_1의 흡수를 촉진시켜 주는 효과가 있다. 알리신은 비타민B_1과 잘 결합하여 알리티아민allithiamine으로 변하는데, 이는 장내 세균에도 파괴되지 않고 체내에 흡수가 잘 되는 물질이다. 그래서 이를 지속성 비타민B_1이라고도 한다.

양파의 경우 티아민 프로필 디설파이드란 물질이 있다. 이 역시 알리티아민처럼 체내 흡수가 잘 되고 장내 세균에도 파괴되지 않는, B_1의 흡수를 촉진시키는 비타민B_1 복합체로 작용하는 물질이다.

비타민B_1은 에너지대사에 중요한 영양소로, 원기 회복뿐 아니라 식욕 부진, 불면, 초조함 등을 해소하는 데에도 효과가 탁월하다. 비타민B_1이 풍부한 돼지

고기와 양파를 함께 먹으면 그 효과가 배가 되는데, 삼겹살을 구워 먹을 때 양파를 구워 먹으면 좋은 것이 이 때문이다.

인간과 동물의 간 조직에 많이 들어있는 펩타이드인 '글루타티온glutathione'은 간장의 조혈, 해독 기능을 유지하는 데 없어서는 안 될 물질이다. 이는 각종 약물중독의 해독제로, 알레르기 치료제로 쓰이기도 한다. 양파에는 이 같은 글루타티온 유도체가 많이 들어있다. 음주 전후에 또는 술안주로 양파를 먹으면 술에 덜 취하거나 숙취가 덜 심해진다고 하는데, 양파에 들어 있는 글루타티온 유도체가 간장의 해독 기능을 강화시키는 때문이다. 더불어 양파는 체내에 쌓인 중금속을 해독하고 분해시켜 체외로 배출시켜주는 기능을 하는데, 따라서 피로를 푸는 데도 효과적인 식품이다.

양파에는 눈의 피로나 노화를 막아주는 항산화 물질 글루타티온이 풍부한데,

이는 시력 개선에도 중요한 물질이다. 체내의 글루타티온이 감소되면 눈의 각막이나 수정체가 흐려져서 백내장을 일으킬 수도 있다. 양파를 많이 먹으면 글루타티온이 생성되어 이러한 눈의 질환을 예방해 주는 효과가 있다.

니코틴 해독과 골다공증 예방

실험용 쥐에 하루 1g씩 양파를 섭취하게 하고 그 결과를 연구한 스위스 베른 대학 연구진은 "양파를 섭취한 쥐들이 그렇지 않은 쥐들보다 뼈 중의 미네랄 함량이 7%, 미네랄 밀도가 13% 수준까지 증가했다"고 발표했다. 양파를 꾸준히 섭취하면 골다공증 발생을 크게 줄일 수 있음을 의미하는 결과다.

또 양파는 풍부한 폴리페놀 성분으로 체내에 쌓인 독소를 해독시키는 약성을 가지고 있다. 폴리페놀은 녹차의 카테킨, 와인, 검은콩 등의 식품에도 많이 함유된 성분으로 특히 니코틴을 해독하는 기능이 탁월하다.

양파는 지방 함량이 적으면서 단백질이 풍부해 뛰어난 다이어트 식품이다. 몸에 불필요한 젖산과 콜레스테롤을 분해하는 성분이 들어있어 지방 축적뿐 아니라 과다한 영양분이 체내에 흡수되는 것을 막아준다.

양파는 특히 여성에게 좋은 식품이다. 골다공증은 여성호르몬인 에스트로겐의 결핍이나 칼슘 등의 영양 부족, 유전적 요인 등으로 인해 발생한다. 특히 폐경 후의 여성들은 에스트로겐 결핍으로 골다공증의 위험에 노출되곤 하는데, 이때에 여성호르몬 대신 양파의 효능에 눈을 돌려보자. 양파에는 칼슘이 다량 함유되어 있을 뿐 아니라 골량 감소를 억제하고 골량을 증가시켜 여성호르몬을 보충하는 것 못지않은 효과를 볼 수 있다. 뼈를 만드는 칼슘은 중년 여성은 물론 성장기 어린이에게도 꼭 필요한 영양 성분이다.

또 양파는 피부는 물론 신체 각 기관의 노화를 막고 산화 활동을 억제하는 식품이다. 미국의 노화방지 전문가 니콜라스 페리콘 박사는 젊게 보이고 오래 사는 방법의 하나로 '양파를 비롯해 마늘, 부추 등을 꾸준히 먹을 것'을 권하기도 했다.

양파는 심장병 예방에도 좋은 식품이다. 심장이 튼튼한 사람들의 식생활에 대해 조사한 영국의 식품연구소IFR는, 그들이 공통적으로 '양파요리를 즐겨 먹는다'는 사실을 밝혀냈다. 양파 즙이나 삶은 양파 등을 이용한 다양한 요리를 꾸준히 섭취하면 심장병뿐 아니라 각종 순환기계 질환을 예방할 수 있다.

ONION

일반적으로 채소류는 열을 가하지 않은 날것으로 섭취하는 것이 건강에 가장 좋은 섭취 방법으로 알려져 있다. 채소의 비타민 등 성분이 가열에 의해 쉽게 파괴되기 때문이다.

몸에 좋은 양파 역시 생으로 섭취하는 것이 가장 좋다고 할 수 있다. 하지만 가열해서 먹는다고 양파의 좋은 성분이 모두 없어지는 것은 아니다. 일부 감소할 뿐이다. 매운맛을 입안이 개운해지는 즐거움으로 여기며 양파 생식을 고수하거나, 조리 과정을 통해 매운맛에서 아삭아삭 단맛으로 변신한 양파를 더 많이 섭취하거나 그것은 개인의 자유다. 어쨌거나 되도록 자주 되도록 꾸준히 양파를 먹는 습관이 가장 중요하다.

튀기고 볶고 끓여도 양파의 약성은 그대로

양파의 유효성분은 지금까지 알려진 것만 해도 150종에 달한다. 이들 성분들은 대부분 장기간 보존을 해도 큰 변화가 없으며, 가열 조리한 양파는 'HDL 콜레스테롤과 관련된 효능'을 제외한 대부분의 약성을 그대로 유지한다. 그 대표

적인 것이 항혈전에 탁월한 효능을 가진 퀘르세틴이다. 양파를 굽거나 기름에 튀기고 볶고 물에 삶는 과정을 거친 뒤 성분을 검사한 결과, 양파 속 주요한 항산화 물질인 퀘르세틴이 소량 감소하는 것으로 나타났다. 감소한다고 해서 안타까워할 필요는 없다. 조리 과정에서 유효성분이 줄어든 양파요리를 '그만큼 많이' 섭취하면 되니까.

광합성 식물에서만 독특하게 발견되는 퀘르세틴은 플라보노이드의 일종으로 몸 속의 콜레스테롤 성분을 분해하고 체내 지방 축적을 예방해주는 좋은 성분이다. 다이어트에도 물론 도움이 된다.

학계에서 공통적으로 주장하는 양파의 일일 권장 섭취량은 50g가량이다. 하루에 약 50g 이상의 양파를 섭취할 수 있다면 양파로부터 최대한의 건강 기능성을 취할 수 있다는 의미다. 우리가 사먹는 양파 한 알의 무게는 대략 150~200g 정도다.

그런데 현재 국민 1인당 1일 평균 양파 섭취량은 약 32g에 불과하다. 양파의 효능을 기대하기에는 다소 미흡한 양이다. 따라서 평소 섭취하는 양파의 양을 기존보다 1/2가량 늘려보면 어떨까 싶다.

양파를 육류와 함께 섭취하면 양파의 퀘르세틴 성분이 항산화 작용을 하며 활성산소를 잡아주어 고혈압, 동맥경화, 위암 예방 등의 효과를 볼 수 있다. 또 퀘르세틴은 체내에서 중금속, 독 성분, 니코틴 등의 흡착을 용이하게 해 해독에 도움을 주는 것으로 알려졌다.

목포대 박양균 교수의 『양파 가공중 퀘르세틴 관련물질의 함량변화 연구』(1993년 미국 코넬대 방문교수 당시)를 통해, 생양파를 가열하는 방법에 따른 퀘르세틴 성분의 변화 추이를 확인할 수 있다.

이 연구에서는 양파를 국이나 찌개의 재료로 사용한 '끓이기'boiling, 튀김재료로 사용한 '튀기기'deep fat frying, 야채볶음의 재료로 사용한 '볶기'frying, 그리고 양파 빵이나 냉동식품을 오븐에서 굽는 '베이킹'baking 등의 실험을 시도했는데, 양파의 퀘르세틴 성분은 크게 변하지 않았다.

〈표 2〉 요리 방법에 따른 퀘르세틴의 변화(mg/kg)

구분	생양파 (fresh)	끓이는 경우 (boiling)	튀기는 경우 (deep fat frying)	볶는 경우 (frying)
퀘르세틴 성분	420.9	402.6	400.4	398.5

〈표 3〉 조리 방법에 따른 퀘르세틴 변화량(mg/g)

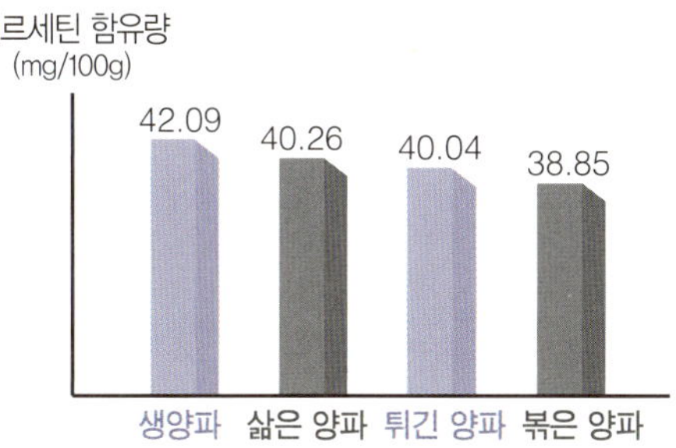

이와 같이 양파의 유효성분은 비교적 열에 강하다. 우리들이 보통 사용하는 조리법이라면 그 효과를 크게 손상시키는 일은 없다.

양파요리에 기름을 사용하는 경우에는 α-리놀렌산이나 올레인산이 많은 올 브유, 카놀라유, 해바라기씨유 등을 선택하자. 이들 역시 암 예방, 혈전 예방, 지질 개선 등 양파와 공통되는 작용이 있기 때문에 상승효과를 기대할 수 있다.

생양파를 효과적으로 이용하는 방법

양파의 매운맛과 눈물 나는 향기를 일으키는 유황성분에는 유화아릴과 황화 아릴, 유화프로필이 있다. 이들 성분은 에너지대사에 관련 있는 비타민B_1 흡수 를 촉진시키며, 결과적으로 만성피로, 식욕 부진, 불면, 초조함 등을 해소하고 피를 맑게 하는 효능이 있다.

유화아릴은 생으로 섭취하면 콜레스테롤과 혈압을 낮추는 데 도움을 준다. 황화아릴 성분은 생으로 섭취하면 혈당 강하를, 가열하여 섭취하면 콜레스테롤 과 혈압을 낮추는 데 도움을 준다. 유화프로필 성분은 혈당을 떨어뜨려 지방으 로 변하는 것을 막아준다.

그런데 이들 유황성분은 양파를 끓이고 볶고 튀기면 사라지기 쉽다. 따라서 양파의 매운 향과 맛을 내는 유황성분을 염두에 두고 있다면, 이때는 양파를 생

식하는 편이 낫다. 까고 자른 날것의 상태로 일정 시간(15분가량)을 두어 유효 성분을 만들어 내는 효소를 충분히 작용시킨 뒤 섭취하는 것이 더 효과적이다. 양파를 자를 때에도 되도록 잘게 써는 것이 좋다. 양파를 잘게 썰면 세포조직이 파괴되면서 몸에 좋은 성분들이 더 많이 만들어지기 때문이다. 그중 하나가 'N-프로필 트리슬피드'로, 콜레스테롤과 중성지방을 분해하여 체내에 응고된 혈액을 깨끗하게 해서 뇌경색, 심근경색, 뇌졸중 등을 예방하는 물질이다. 피치 못해 양파를 가열해야 할 경우 요리의 가장 마지막 순서에 살짝 빠르게 익혀서 바로 먹는 게 좋다. 또 하나, 양파는 물에 씻으면 중요한 유기성분이 씻겨나간다. 무리하게 씻지 않도록 한다.

　양파는 잘라서 공기 중에 너무 오래 방치해두면 쉽게 변질되고 만다. 잘게 자르거나 채 썬 양파를 흑초나 천연식초에 절여보자. 양파의 성분이 변하는 것을 막아주는 한편 그 효과도 배가 된다. 항산화, 체지방 분해에 효과가 탁월한 천연식초가 양파를 만나며 그 효과가 더욱 탁월해진다. 양파를 레드 와인에 절여두었다가 갈아서 샐러드 드레싱에 사용하거나 그대로 먹어도 좋다.

우리집 가정상비약, 양파

맛 좋고 몸에 좋은 양파. 참 좋은 식품이지만 먹는 것 말고도 다양한 쓰임새로 활용할 수 있다. 팔방미인 양파의 새로운 사용법을 소개한다.

💊 생양파 가그린

생양파 몇 조각을 입에 넣고 5분간 오물거리다 삼키자. 입안이 완전한 멸균 상태가 되며 충치예방에 효과가 있다. 물론 다른 사람과 대화를 해야 할 때는 삼가는 게 좋다.

💊 근육통에 좋은 양파즙 파스

과한 운동 등으로 근육이 뭉쳤을 때, 밀가루와 양파즙을 2:1로 섞어서 반죽을 만들자. 환부에 섞어 파스처럼 붙이면 효과를 볼 수 있다. 비결은 천연 진통소염제 효과를 가지고 있는 양파의 알리인 성분. 양파즙에 무즙과 생강즙을 같은 비율로 섞어주면 더욱 좋다.

💊 목 어깨 결림에는 양파즙 마사지

어깨가 뻐근하면 그 불편함이 목덜미를 타고 머리까지 이어지기 십상이다.

이럴 때 양파즙 마사지를 추천한다. 양파를 강판에 간 뒤 화장 솜에 촉촉하게 적셔 부드럽게 마사지해주면 뻐근함은 어느새 가라앉고 머리까지 맑아지게 된다.

 가래와 기침에는 양파 냉찜질

기침 가래가 심해서 괴로울 때, 잘게 썬 양파를 가제 수건이나 면 보자기에 싼 뒤 차갑게 해서 목에 냉찜질을 한다. 가래와 기침이 놀랍도록 빨리 가라앉을 것이다. 양파 생즙과 물을 1:5의 비율로 섞어서 하루 두 번씩 양치질을 하는 것도 좋은 방법이다.

원형 탈모증에는 양파 생즙

만성 스트레스로 인해 발생하는 원형 탈모! 이 상황에도 양파가 놀라운 활약을 할 수 있다. 강판에 갈아 짠 양파 생즙을 머리카락이 쉽게 빠지는 두피나 원형 탈모 증상이 있는 부분에 마사지하자. 꾸준히 정성들여 일주일에 세 번씩은 실시해야 효과를 볼 수 있다.

비듬 제거에도 양파즙

머리가 자주 가렵고 비듬이 많은 증상에도 양파는 효과가 있다. 양파즙을 가제로 싼 뒤 머리에 대고 두드리며 마사지해서 깔끔하고 건강한 두피를 만들어보자. 물론 마사지 후에는 깔끔하게 샴푸를 해주는 것이 좋다.

🧰 벌레 물린 자리에도 파스 대신 양파즙

모기에 물렸을 때, 양파 즙을 물린 부위에 발라보자. 피부가 붓고 가려운 증상이 신기하게 가라앉는다. 양파의 강력한 소염효과 때문이다.

🧰 불면증을 잠재우는 양파

잠들기 전, 양파를 4등분해 머리맡에 두면 잠이 잘 온다. 오랜 기간 불면증에 시달린 이들이라면 오늘 당장 실험해보자. 양파에 함유된 알리인 성분이 신경을 안정시키고 혈액 순환을 좋게 해주어 잠이 잘 오게 되는 것이다. 양파 껍질 삶은 물도 불면증에 효과가 있다. 냄비에 물 5컵과 양파 껍질을 한 줌 넣고 물의 양이 반으로 줄어들 때까지 팔팔 끓인 양파차를 잠들기 전에 조금 마셔주는 것도 좋다.

🧰 코감기 기침감기에도 양파즙

감기로 인해 기침이 심하거나 코가 꽉 막혀 답답할 때에도 냉장고 속 양파가
유용하다. 양파를 강판에 갈아 즙을 낸 뒤 5배 정도의 물을 부어 희석한 물
로 양치를 해보자. 목의 통증도 줄어들고 막혔던 코도 뻥 뚫린다.

🧰 화상을 입었을 때에도 양파즙

음식을 만들다가 갑자기 화상이 입었을 때, 외용 연고가 없다고 당황하지 말
고 냉장실 야채박스의 양파를 이용하자. 소염과 진통억제 효과가 있는 양파
즙이 화상의 통증을 줄여주고, 상처를 빨리 나을 수 있도록 도와준다. 그러
나 가벼운 화상이 아닌 경우에는 양파즙이 피부를 더 자극할 수 있으니 주의
한다.

🧰 새집냄새 증후군 잡아주는 양파 방향제

양파에는 유해물질을 중화시키는 효과가 있다. 그래서 새집의 구석구석에
양파를 썰어 놓아두면 페인트 냄새 등 유해한 냄새가 많이 사라진다.

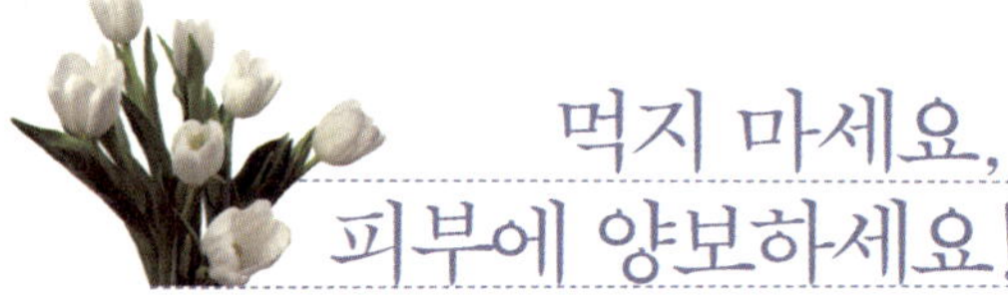

먹지 마세요,
피부에 양보하세요!

피부를 위한 양파의 아름다운 변신, 나만을 위한 자연친화 화장품 만들기

양파스킨 칙칙한 여드름 피부를 화사하게

준비할 재료 양파 100g, 물 3/4컵, 레몬 5g, 참깨 1큰술

1. 양파를 잘게 다져 끓인 후 충분히 익혀 식힌다.

2. 양파 물에 레몬과 참깨를 섞어 믹서에 곱게 간다.

3. 체에 면보를 깔고 2를 부어 즙을 짜낸 뒤, 유리컵에 커피 여과지를 걸치고
   양파즙을 부어 한 번 더 거른다.

4. 냉장고에 보관해두고 스킨으로 사용한다.

양파포도주화장수 기미, 주근깨 등 잡티를 없애는 미백 효과

준비할 재료 양파 100g, 화이트 와인 1/2컵

1. 양파를 깨끗이 씻어 껍질을 벗기고 잘게 다진다.

2. 유리컵에 양파를 담고 화이트 와인을 부어 냉장고에 넣어둔다.

3. 10일 정도 지난 뒤 2를 커피 여과지에 다시 걸러 맑은 화장수를 받아낸다.

4. 냉장고에 보관해두고 스킨으로 사용한다.

양파꿀팩 거칠어진 피부를 매끄럽고 투명하게

 양파 200g, 식초 1/2컵, 꿀 1큰술, 밀가루 1작은술

1. 양파 껍질을 벗기고 잘게 다진 뒤, 식초에 3일 동안 담가 매운 성분을 없앤다.

2. 1의 양파를 물에 헹군 다음 믹서로 곱게 갈아 면보로 싸서 즙을 짠다.

3. 양파즙에 꿀과 밀가루를 섞어 팩제를 만든다.

4. 깨끗이 세안한 후 팩제를 골고루 펴 바르고 랩을 씌워 30분 동안 둔다.

5. 랩을 떼어내고 온타월로 닦은 뒤 냉타월로 마무리한다.

양파영양팩 각질이 일어난 피부를 아기처럼 촉촉하게

 양파 50g, 식초 5큰술, 달걀 1개, 곡물가루 1큰술, 우유 약간

1. 양파를 잘게 썰어 식초에 3일 동안 담가둔다.

2. 1의 양파를 물로 깨끗이 헹군 후 달걀을 넣고 곱게 간다.

3. 2에 곡물가루를 섞고 우유로 농도를 맞춰 팩제를 만든다.

4. 세안한 얼굴에 골고루 펴 바르고 면보를 씌워 40분 동안 둔다.

5. 떼어내고 온타월, 냉타월 순으로 닦아낸다.

ONION

양파의 다양한 종류들

백합과(파속작물)로 구를 형성하는 작물 중 하나인 양파. 두해살이풀로 꽃대의 길이는 약 50~100cm, 잎은 가늘고 길며 원통 모양이다. 흰색 또는 연한 자주색의 꽃이 산형꽃차례(꽃대 끝에 작은 꽃이 여러 개 달린 모양)로 핀다. 땅속의 비늘줄기는 매운맛과 특이한 향기가 있어서 동서양 음식에 널리 쓰인다.

양파는 우선 수확시기에 따라 조생종과 만생종으로 나눈다.

조생종은 일조량이 짧고 온도가 다소 낮더라도 생육이 활발한, 특히 알갱이가 커지는 것이 가능한 품종이다. 수확 시기는 2~5월경이며 약간 납작한 타원형이다. 대체적으로 수분이 많아 저장성이 낮다. 우리가 6월 이전에 먹는 햇양파는 거의 이 조생종이다.

만생종은 일조량이 길고 온도가 높아야 생육이 가능한 종자다. 수확 시기는 6월 이후이며 허리가 높은 둥근 공의 형태다. 상대적으로 수분이 낮고 당도가 높아 저장성이 좋다. 우리가 늦가을과 겨울에 먹는 양파는 대개 이 만생종이다.

양파는 껍질의 색깔에 따라 흰색양파와 자색양파, 황색양파로 나누기도 한다.

흰색양파는 일반적으로 조생종의 특징을 가지고 있으며 그래서 조생종에서

주로 발견된다. 흰색양파는 현재 미국 등지에서 재배되고 있다.

자색양파는 붉은 양파라고도 하며 일반 양파보다 조금 더 비싸게 팔린다. 껍질 하나의 두께가 조금 더 두껍고 아삭거리는 식감이 가장 좋다. 현재 품종이 많이 개발되어 있지 않다.

황색양파는 6월에 주로 수확하며 만생종이다. 우리나라에서 재배·유통되는 품종은 대부분 황색 계통이다.

양파는 매운맛의 정도에 따라 감미종과 신미종으로도 나뉜다.

감미종은 주로 스페인 등 남부 유럽 지방이 주산지다. 매운맛이 비교적 덜하며, 마늘처럼 겉껍질이 희다. 조생종이며 생식용으로 주로 쓰이는데 저장성이 약한 게 단점이다.

신미종은 북아메리카가 주산지로 매운맛이 강한 중만생종이 대부분이다. 조리용으로 주로 쓰이며 저장성이 강하다. 국내에서 재배되는 대부분의 품종은 신미종의 황색계다.

황색양파는 우리가 가장 흔하게 먹는 일반 양파이다. 종류마다 성분과 효능은 크게 다르지 않지만 약간의 차이가 있다. 자색양파는 일반 양파에 비해 매운맛이 적고 플라보노이드 함량이 많으며 두께가 두껍

고 아삭함이 더 살아 있다. 양파는 통풍이 잘되고 시원한 장소에 보관하면 되지만 햇양파는 수분이 많아 쉽게 상하므로 냉장고 채소 칸에 보관하는 것이 좋다.

좋은 양파 고르기

우리나라에서는 보통 양파를 가을에 파종하여 봄에 수확한다. 봄에 출하되는 것이 햇양파로, 매운맛이 적고 껍질이 부드러우며 싱싱한 것이 특징이다. 그러나 봄이 아니라고 걱정할 필요는 없다. 제주도 같은 따뜻한 지역에서는 조기 출하하기도 하고, 저장했다가 출하하는 경우도 많기 때문에 우리나라는 연중 신선한 양파를 먹을 수 있다. 따라서 양파를 고를 때, 출하 시기보다는 크기나 색깔 등을 꼼꼼히 살펴보는 편이 좋다.

양파는 납작한 모양과 동그란 모양 두 가지가 있다. 동그란 양파는 매운맛이 적어 샐러드나 샌드위치처럼 익히지 않고 먹는 음식에 넣으면 맛있다. 납작한 양파는 매운맛이 강하기 때문에 국이나 찌개에 넣거나 튀김을 해 먹기에 적합하다. 납작한 양파는 오래 보관할 수 있고, 반면에 동그란 양파는 잘 썩기 때문에 한꺼번에 많이 사들이지 말고 필요할 때마다 구입하는 것이 현명하다.

양파는 외피가 단단하고 적황색이며 상처가 없는 것이 좋다. 윗면과 뿌리 부분을 눌러 보아 단단하며, 껍질에 광택이 있으며, 싹과 뿌리가 없는 것을 선택

한다. 물컹한 것은 오래되었거나 어딘가 상했다는 증거다. 표면에 흙이나 모래가 묻어 있지 않은 것, 색깔이 선명하고 껍질이 투명하며 윤기가 흐르는 게 싱싱한 것이다. 배가 불룩하거나 껍질이 거뭇한 것은 좋은 것이 아니므로 피한다.

햇양파는 신선하고 큰 것이 좋고, 저장 양파는 원통형으로 밑 부분이 약간 볼록한 것이 좋다. 국산 양파는 껍질이 붉고 반질반질한 데 비해 수입 양파는 겉이 하얀 편이다. 양파를 구입할 때는 색깔을 꼭 확인하자.

양파 보관의 노하우

양파는 겉껍질을 벗겨 물에 씻기만 해도 농약이 제거되는 안전한 식품이다. 양파를 물에 잠시 담가두었다가 물기가 마르기 전에 껍질을 벗기면 매워서 눈물이 나는 것을 어느 정도 막을 수 있다. 뿌리와 줄기 부분을 먼저 칼로 잘라내고 껍질을 벗기면 한결 수월해진다. 양파 껍질은 그 어떤 식물보다 효능이 다양하다. 양파 껍질은 깨끗이 씻어 차를 끓여 마시거나 잘 말려 보관했다가 육수를 낼 때 사용하면 좋다.

습기에 약한 양파는 망에 담겨 있는 상태 그대로 통풍이 잘 되는 서늘한 곳에 걸어서 보관하는 게 좋다. 망이 없으면 못 쓰는 스타킹에 담아두어도 괜찮다. 양파가 서로 맞닿아 있으면 상처가 나고 습기가 차므로, 양파와 양파 사이를 끈

으로 묶어 닿지 않게 한다. 쓸 때마다 하나씩 잘라서 쓰면 편하다.

　냉장고에 꼭 넣을 필요는 없지만, 양파를 씻어서 냉장고에 넣어둘 때는 특유의 냄새가 배지 않도록 밀폐용기에 담거나 비닐봉지에 담아 밀봉을 해둔다. 양파끼리 부딪쳐 무르지 않도록 간격을 두는 것도 좋은 방법이다. 양파를 썬 채로 오래 두면 양파의 생명인 톡 쏘는 맛이 사라진다. 따라서 통째로 보관하는 게 좋다. 쓰고 남은 자투리는 모아서 냉동해두었다가 찌개에 넣어도 좋고, 마늘처럼 갈아서 냉동했다가 고기 재울 때나 양념장 만들 때 사용한다.

　양파의 냄새는 황화수소, 메르캅탄, 디설파이드류, 트리설파이드류, 알데히드 등 매우 복잡한 성분이 혼합되어 발생한다. 이들 성분은 대부분 휘발성으로, 양파를 썰 때 눈과 코를 자극해 갑자기 눈물을 줄줄 흘리게 되곤 한다.

　뿐만 아니라 양파를 먹고 나면 입안에서 불쾌한 냄새가 날 수 있다. 사람을 만날 때는 더없이 곤혹스러운 상황. 이럴 때 김이나 다시마를 한 장 먹으면 양파 냄새를 다스릴 수 있다. 양파를 담았던 그릇 역시 특유의 냄새가 배어 쉽게

가시지 않는다. 이럴 때 겨자가루로 그릇을 닦아내면 냄새가 쉽게 없어진다.

동서양의 양파 재배 역사

양파는 마늘과 함께 인류의 재배 역사가 가장 오래된 식물 가운데 하나다. 양파가 이처럼 오랜 역사를 지니고 재배되고 있는 이유는 양파의 고유한 특성에서 기인한다. 양파는 타 작물에 비해 잘 부패되지 않고 수송이 용이하며 다양한 토양과 기후에서 자라기 쉽다. 또한 건조할 수 있어서 오래 저장이 가능한 식품이다.

기원전 5000년부터 양파는 페르시아에서 일종의 부적으로 쓰였다는 기록이 있다. 기원전 4000년에 고대 이집트에서는 일반적인 식품이자 영원불멸의 상징으로 쓰였다. 그래서 장례식 제물이나 미라를 만들 때 같이 사용하였다는 흔적이 분묘의 벽화에서 발견되기도 한다.

그리스에서 양파는 기원전 7~8세기부터 재배되었다. 인도에서는 기원전 6세기에 쓰인 의학서에 양파가 '이뇨, 소화 촉진, 심장·눈·관절 등에 좋은 약재'라고 기록되었다. 1세기에 그리스에서는 올림픽게임에 출전하는 운동선수들의 근력과 지구력을 강화시키기 위해 양파를 이용했다. 이를 위해 생양파를 섭취하거나 주스를 만들어 마시고 몸에도 발랐다고 한다. 로마시대에는 기원전 5세

기부터 양파를 재배하였다. 양파를 사랑한 로마인들은 다른 지역으로 여행을 갈 때도 양파를 지니고 다녔다고 한다.

중세 들어 양파는 유럽에 널리 전파되었다. 스페인, 이탈리아, 프랑스 등을 포함한 남부 유럽에서는 매운맛이 적은 단 양파가 주로 분화 발달했다. 반면 루마니아, 유고슬라비아 등을 포함한 동부 유럽에서는 매운맛이 강한 양파가 분화 발달하였다. 러시아에는 12~13세기에, 미국에는 16세기 이후에 매운 양파와 단 양파가 전파되고 품종이 다양해지며 세계적인 작물로 각광받게 되었다.

중국에는 중동과의 교역이 빈번했던 당나라 초기에 중동이나 인도에서 양파가 전파된 것으로 추정된다. 일본에서는 19세기에 미국으로부터 황색종 양파가 도입되어 재배되기 시작했다. 우리나라에 양파가 들어온 것은 개화기, 미국과 일본으로부터였다.

양파는 중국에서 후충, 일본에서는 다마네기로 불리며 우리나라에서는 일본식으로 '옥파' 또는 모양에 따라 '둥근 파'로 불렸다. 이후 서양에서 들어온 파라는 뜻의 양파로 호칭이 굳어졌다.

양파는 인편과 인경으로 이루어져 있다. 인편은 양파 등 식물의 겉면을 이루는 비늘 모양의 조각들을 말하며, 이것들이 모인 양파 한 알이 인경이다. 마늘의 경우는 한 쪽을 인편이라고 할 수 있다. 양파의 학명은 'Allium cepa L.'인데, 속명인 알리움Allium의 알All은 켈트어로 '태운다' 또는 '뜨겁다'는 의미다. 양파의 강한 향이 눈을 강하게 자극하는 데서 나온 이름일 것이다. 또한 종명인 세파cepa는 켈트어의 'cep' 또는 'cap', 즉 '머리'라는 뜻이다. 인경의 모양에서 나온 것이다. 영어의 onion은 라틴어의 unio 즉 '단일'이라는 뜻으로, 인경이 분리되지 않고 하나의 둥근 구슬 모양을 하고 있다는 데서 나온 것이다.

현재 다양한 품종이 존재하는 양파는 아직 야생종이 발견되지 않아 정확한 원산지는 추정하기 어렵다. 다만 북·서인도, 아프가니스탄, 타지크, 우즈베키스탄 및 서부 천산산맥에 걸치는 '중앙아시아 중심 지역설'과 근동, 그리스, 이탈리아, 이집트 등 '지중해 지역설'이 공존하고 있다.

우리나라 양파의 어제와 오늘

우리나라는 전라남도와 경상남북도에서 전체 양파 생산량의 86%가 생산되고 있다. 이 가운데 유명한 지역은 전남 무안과 경남 창녕이다.

무안은 전국 양파 생산량의 20%가 생산되는 지역이다. 양파는 거의 수입되

지 않는 작물이므로, 우리가 먹는 양파 다섯 개 중 하나는 무안 것인 셈이다. 무안 읍내를 중심으로 바닷가 쪽 그러니까 망운면, 운남면, 청계면, 현경면, 해제면에 특히 양파밭이 많다. 바다 끝자락이 언뜻언뜻 보이는 야트막한 구릉지에서 자라는 무안 양파는 단단하고 아삭하며 즙이 풍부하고 단맛이 강하다.

무안에 처음으로 양파를 전한 이는 강동원 씨. 1930년 현해탄을 건너 일본으로 간 그는 마침 미아겐에 있는 한 농가에서 일자리를 얻었는데, 거기서 양파 농사와 양파 채종을 배우게 되었다. '파를 즐겨 먹는 한국 사람들에게도 틀림없이 양파는 좋은 기호품이 될 것'이라는 확신이 선 강동원 씨는 1932년 양파 종자 1홉과 재배기술에 대해 자세히 기술한 우편물을 고향 땅의 숙부 강대광 씨에게 발송했다. 양파 종자가 최초로 무안에 전래되는 순간이었다.

귀중한 양파 종자를 받은 강대광 씨는 밤낮없이 재배기술 정착을 위한 연구에 몰두하여 파종, 육묘 등의 기술을 단계별로 체계화시켰다. 어려움도 많았지

만 몇 년의 경험이 축적되면서 재배면적과 생산량이 늘어났다. 그러나 소비처가 없어 문제가 되었다. 고심하던 그는 양파를 마차로 수송하여 목포 중앙시장에 내어놓고 팔기 시작하였다. 그때 목포에 사는 일본인들이 '조선에도 양파가 나네?'라고 반기며 좋은 가격으로 양파를 사주었다. 그렇게 판매처를 확보한 그는 보리 농사보다 몇 배의 소득을 올릴 수 있다는 자신감을 갖고 이웃 강의진 씨에게 양파 농사를 권유했다. 양파는 이렇게 소득 높은 작물로 소문이 나며 무안을 양파 명산지로 뿌리내리게 만들었다.

무안의 양파 역사를 조명할 때 빼놓을 수 없는 것이 바로 창녕 양파다. 무안이 경남 창녕보다 먼저 양파 재배를 시작했고 재배도 먼저 시도했지만, 먼저 성공한 곳은 창녕이기 때문이다.

창녕 양파 재배 내력은 일제강점기인 1940년경으로 거슬러 올라간다. 당시 우리나라에 와서 살던 일본인들을 상대로 채소장수가 뭔가 가져와서 판매하는 것을 보고, 당시 영산에 거주하던 주수홍 씨는 '저 둥그런 식물이 환금작물이

될 수 있겠다'는 착상을 하게 된다. 그리하여 일본에서 종자를 구해와 소규모로 재배를 시도한 것이 바로 창녕 양파 재배의 효시다.

1946년 당시의 양파 종자는 구하기도 어려웠지만 양파 종자 한 홉이 쌀 두 말에 해당할 만큼 고가로 거래되었다. 초창기의 국내 양파의 품종은 육종이 되지 않고 일본산 품종들이 일부 도입되어 재배되었다. 그런데 우리 기후 풍토에서는 수확량이 적어(10a당 3,000kg 이하) 우량품종 육종이 절실히 요구되었다.

1953년에는 서울에서 사업을 하다 고향으로 돌아온 대지면 석리의 성재경 씨가 양파 재배를 시작하면서 재배기술 확대 보급에 힘써 재배 면적이 급속히 늘어났다. 1958년부터 조성국 씨는 영산면 구계리에 시험단지를 조성, 우리 기후 풍토에 적합한 우량 품종을 육종코자 노력했다. 그리하여 국내에서는 처음으로 창녕대고, 영산오사리, 단오큰애기, 대지중가리의 네 품종을 육종하여 전국 각지로 종자 보급을 하기에 이르렀다.

1967년에는 850ha의 재배면적에서 3만 톤을 수확하여 소득이 3억 원에 달했다. 그리하여 군내 6,000여 양파 재배 농가의 대표로 1968년 창녕양파조합이 설립되었다.

창녕의 양파 재배는 1,351.4ha의 면적에서 6만 5,089톤을 생산하여 창녕 농가 소득의 18.2%를 차지하는 주요 소득 작목(1991년)이다. 이는 무안, 함평, 영천에 이어 전국 4위의 수준이다. 1992년에는 전국에서 처음으로 양파연구소가 창녕에 탄생하기도 하였다.

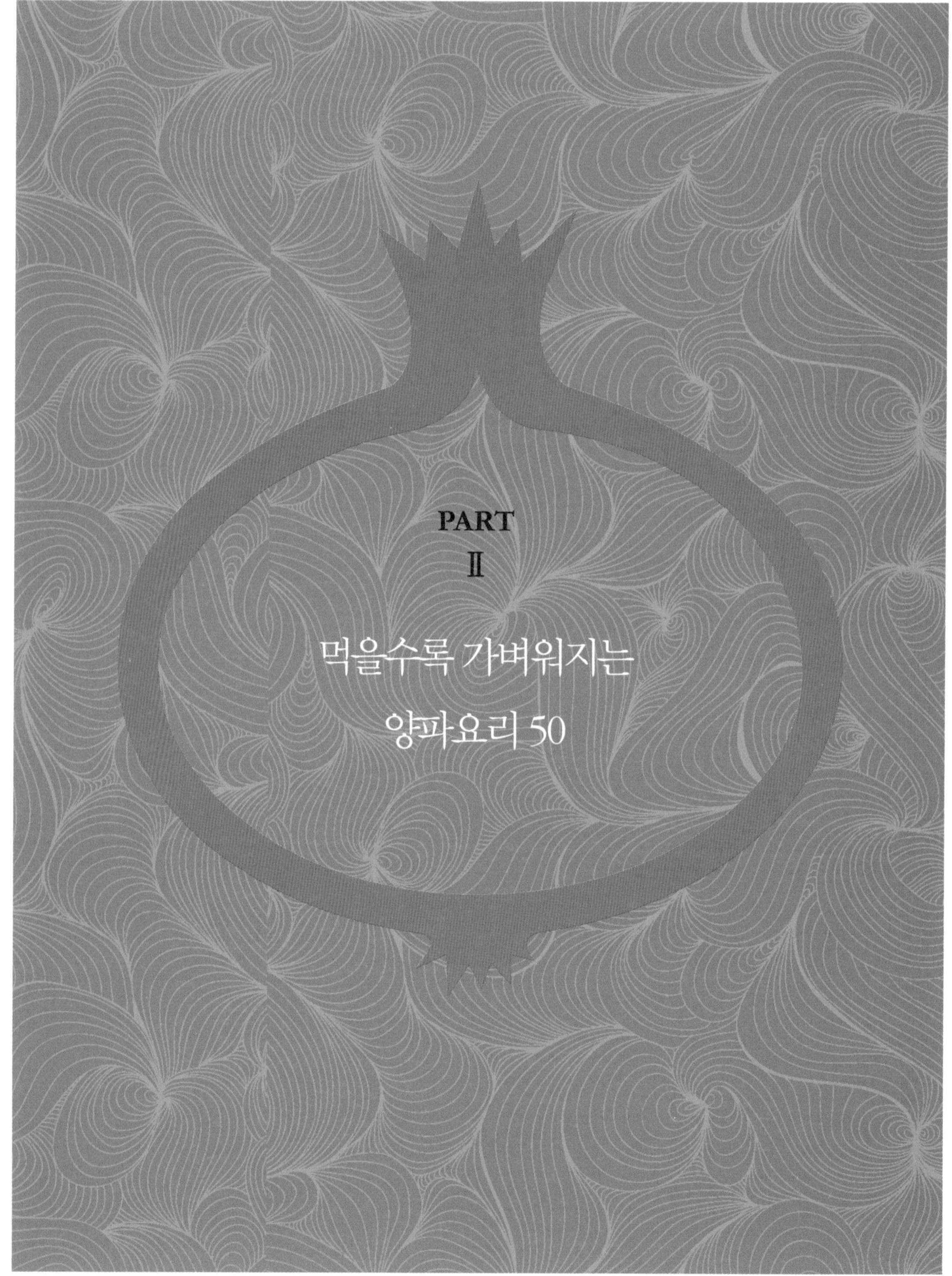

PART
II
먹을수록 가벼워지는
양파요리 50

ONION

쫄깃쫄깃 감칠맛 나는
양파 새송이버섯 볶음

쫄깃한 새송이버섯과 아삭한 양파가 어우러진 중화풍 볶음요리입니다.
새송이버섯은 위를 튼튼하게 해주는 성분이 있어서 위장이 약한 분, 위산과다로 고생하는 분들에게 좋은 식품입니다. 또한 해독작용이 탁월해 장이 안 좋아 생기는 설사 등 질환에도 좋고, 비타민과 각종 무기질이 풍부해 암을 예방하는 효과도 있다고 해요.
냉장고에 남은 자투리 채소를 몽땅 넣고 후다닥 만들기에 딱 좋은 음식. 새송이버섯과 양파가 어우러진 음식으로 입맛과 건강을 모두 잡아보세요.
표고버섯이나 양송이버섯을 넣으면 또 다른 맛과 식감을 연출할 수 있답니다.

새송이버섯 2개
양파 1개
청양고추 1/2개
(기호에 따라)
참기름 1/2큰술
소금·후추·통깨 적당량
양조간장 2큰술
청주 1큰술
굴소스 1/2큰술
다진 마늘 1작은술

1 새송이버섯은 새끼손가락 굵기 정도로 찢은 다음 반으로 잘라주세요. 양파는 채썰고, 청양고추도 어슷썰기 해주세요.
2 양념을 분량대로 잘 섞어줍니다.
3 팬에 기름을 살짝 두르고, 양파와 고추 순으로 함께 볶아줍니다.
4 버섯과 소금, 후추도 넣어 볶다가 양념장을 넣어서 마저 볶은 다음 통깨와 참기름을 솔솔 뿌립니다.

매콤하게 드시고 싶으시면 고추기름을 약간 넣어주세요.
다 볶은 뒤 전분물(전분 1큰술+물 2큰술)을 부어 걸쭉하게 만들면 덮밥용 소스가 됩니다.

다이어트에 탁월한
양파 감자 샐러드

포슬포슬한 식감의 감자와 상큼한 양파가 어우러진 초간단 샐러드.
새콤한 피클을 썰어 넣거나 각종 채소를 다양하게 넣어서 맛의 포인트를 주어보세요.
감자는 칼륨이 풍부하게 함유되어 있어 체내의 나트륨 배출을 도와주는 효능이 있습니다.
또한 풍부한 마그네슘이 세로토닌의 생성을 활성화, 불면증에도 도움이 됩니다. 두 가지
모두 양파와 어울려서 상승효과를 볼 수 있는 성분들이지요.
부드러운 모닝 빵이나 식빵 안에 듬뿍 넣고 샌드위치로 만들어도 좋아요. 샌드위치용으로
만들 땐 간을 약간 세게 해주세요.

감자 2개
양파 1/2개
식초 1작은술
설탕 1작은술
마요네즈 1큰술
소금 약간
후추 약간

1 양파는 잘게 다져 식초 1작은술, 설탕 1작은술을 넣고
   10분 정도 재워둡니다.
2 감자는 껍질을 벗겨 푹 삶은 뒤 뜨거울 때 포크로 으깨
   주세요.
3 삶은 감자에 물기를 꽉 짠 1의 양파를 넣어줍니다.
4 마요네즈를 넣어 함께 섞은 뒤 마지막 간을 소금으로
   맞춰주면 완성입니다.

마요네즈의 칼로리가 걱정이라면 마요네즈 양을 줄이고 우유를 약간 넣어줘도 좋아요.
햄이나 달걀을 다져 넣고 함께 버무려도 맛있답니다.

양파 고추장찌개

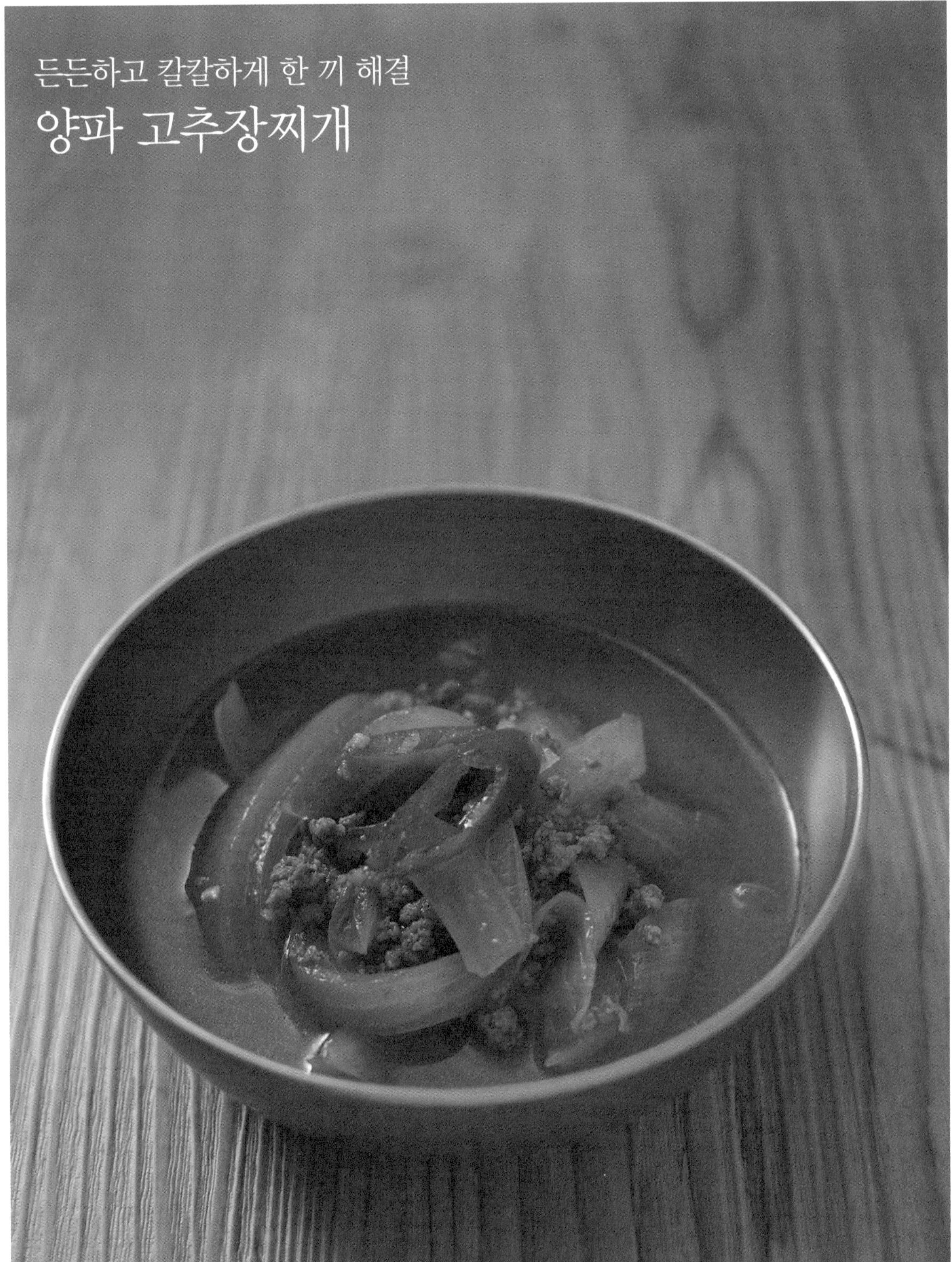

칼칼한 맛이 일품인 양파 고추장찌개.
양파가 듬뿍 들어가 매운맛 뒤의 은은한 단맛이 특히 매력적이죠.
양파와 다진 소고기를 듬뿍 넣고 푸짐하게 준비해보세요.
고추장찌개 한 대접과 밥 한 공기로 오늘의 점심 한 끼 간단하고 든
든하게 해결됩니다. 술안주용으로는 물론 다음날 깔깔한 입맛을 달
래줄 속풀이 음식으로도 그만입니다.

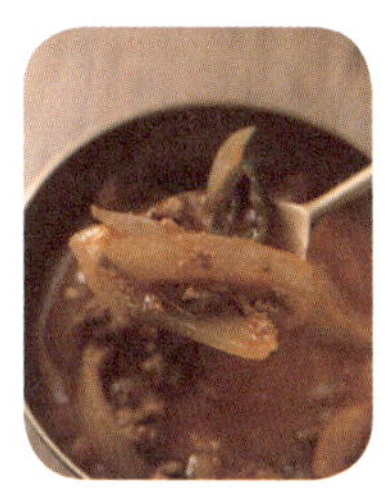

양파 1개
다진 소고기 150g
청양고추 1/2개
물 500ml
청주 1큰술
다진 마늘 1/2큰술
고추장 1큰술
국간장 1/2큰술
소금 약간
후추 약간

1 양파는 적당한 두께로 채 썰고, 청양고추는 어슷썰기 해
  줍니다.
2 냄비에 기름을 두르고 다진 마늘을 볶다가, 소고기를 넣
  고 함께 볶아주세요.
3 볶을 때 청주 1큰술을 넣어 잡내를 날린 뒤 물을 부어
  센불에서 끓이다가 고추장과 국간장, 후추를 넣어 끓여
  줍니다.
4 마지막에 청양고추를 넣고 부족한 간은 소금으로 맞춰
  주세요.

청주 대신 맛술을 사용해도 됩니다.
두부를 넣어 자작하게 끓여주면 맛도 두 배 영양 밸런스도 완성!

몸은 가볍게 피부는 곱게
양파 들기름 강된장

들기름에 양파를 달달 볶아서 자작하게 끓인 강된장을 소개합니다. 콩으로 만든 발효식품 된장은 소화를 돕고 풍부한 영양가로 기운을 북돋아주는, 한국인에게 없어서는 안 될 음식이지요. 염분이 많지만 나트륨을 배출해주는 양파를 만났으니 그 궁합이 최고. 또한 들기름은 손상된 모발을 건강하게 만들고 풍부한 리놀렌산으로 혈관을 튼튼하게 해주며 피부의 노화 작용을 늦춰주는 효과가 탁월하다고 합니다.

예뻐지고 싶은 분들은 가까운 시장에서 각종 신선한 쌈채소를 한 가득 준비해주세요. 별다른 반찬 없이 강된장과 따뜻한 밥 한 공기만으로도 최고의 웰빙 건강식이 탄생합니다.

들기름 1작은술
양파 1개
청양고추 1/2개
된장 3큰술
다진 마늘 1작은술
다시마 멸치 육수 1컵

1 냄비에 물을 붓고, 손바닥 만한 다시마 1장과 멸치 5마리를 넣어 육수를 내주세요.

2 양파와 고추는 적당한 크기로 다져줍니다.

3 냄비에 들기름을 두르고 다진 마늘을 달달 볶다가, 양파와 된장을 넣고 함께 볶아주세요.

4 1의 육수와 고추를 넣고 자작하게 끓여 주면 강된장 완성입니다.

tip

육수로 사용하고 남은 다시마는 버리지 말고, 잘게 다져 함께 넣어주면 더욱 좋습니다.
봄동이나 배추를 채 썰어서 함께 비벼 주면 손쉬운 강된장 비빔밥이 됩니다.

아이들 도시락 반찬이나 어른들 술안주로 좋은 양파 소시지 볶음이에요. 1990년대 대학가 호프집에서 가장 잘 나가던 추억의 안주 '쏘야'(소시지 야채볶음) 기억하시죠? 토마토소스 듬뿍 넣어 새콤한 그 맛 그대로, 몸에 좋은 양파를 많이 넣어 아삭아삭한 식감이 매력적인 그 음식.
서너 종류의 소시지를 한꺼번에 사용해보세요. 저마다 다른 크기와 칼집 넣은 모양, 식감 등이 눈과 입을 더욱 즐겁게 해줄 거예요.

소시지 5개
양파 1/2개
붉은 파프리카 1/4개
노란 파프리카 1/4개
마늘 2알
후추 약간
허브 약간
토마토소스 4큰술
케첩 2큰술
우스터소스 1작은술

1 소시지는 칼집을 넣어 주고 양파와 파프리카는 가늘게 채 썰어줍니다.
2 달궈진 팬에 오일을 두르고 다진 마늘을 먼저 볶아 향을 내주세요.
3 소시지를 넣고 볶다가, 양파와 파프리카를 넣고 함께 볶으며 소금, 후추를 약간만 뿌려주세요.
4 준비된 소스를 모두 섞고 끓여가며 볶아주면 완성입니다.

tip
파프리카 없이 양파만으로 만들어도 좋아요.
우스터소스가 없으면 간장을 1작은술 넣어주세요.

양파 한 알로 준비하는 간단 브런치
양파 통구이

포도, 가지 등과 더불어 대표적인 컬러 푸드의 하나인 붉은 양파. 하얀 양파보다 단맛도 더 풍부하고 셀레늄이 많이 함유되어 있어 각종 암을 예방하고 치료하는 데 도움이 되는 식품이죠.

붉은 양파를 통째로 이용해 간단한 브런치를 만들어볼게요. 오븐에서 잘 구운 양파는 매운맛이 사라지고 달콤함이 가득 느껴집니다. 느긋한 주말 아침, 부드러운 빵과 함께 색다른 브런치 메뉴를 준비해보세요. 프랑스의 아침이 생각나는 요리입니다.

붉은 양파 1개
버터 1/2~1큰술
소금 적당량
후추 적당량
허브 약간

1 양파는 껍질을 벗기고, 십자 모양으로 깊게 칼집을 내주세요.

2 칼집을 넣은 사이로 버터를 끼워줍니다.

3 소금, 후추를 넣어 200℃로 예열된 오븐에 30분가량 구워주세요.

4 구워진 뒤 허브를 솔솔 뿌려주면 완성입니다.

  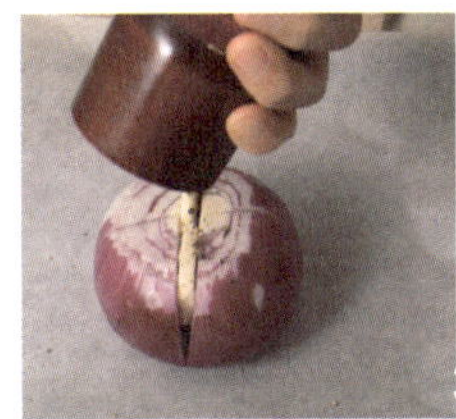 

tip

버터 대신 올리브유를 사용해도 됩니다.
부드러운 빵과 특히 잘 어울립니다.

양파 고추 장아찌

장아찌는 김치와 더불어 1년 365일 한국 사람들의 식탁에 빼놓을 수 없는 반찬이지요. 장아찌는 또한 다른 요리를 위한 양념이나 국수 고명 등, 김치만큼이나 활용도가 높은 우리네 전통 식품입니다.

특히 육류를 섭취할 때 함께 드시면 소화를 돕고, 입안의 느끼함도 말끔하게 해결해주는 장아찌. 짠 음식을 많이 섭취는 건 건강에 좋지 않지만, 어느 정도의 소금 성분은 우리 몸의 신진대사가 원활히 진행하는 데 없어서는 안 되는 물질입니다. 우리 몸에 좋은 양파로 건강 장아찌를 만들어 건강하고 균형 잡힌 매일 식단을 꾸려보세요.

양파 3개
풋고추 4개
생강 1/2개
간장 150ml
청주 3큰술
식초 1컵
설탕 60g
매실청 4큰술
물 100ml

1 양파, 고추는 적당한 크기로 썰어 유리 용기에 담습니다.
2 소스 재료를 냄비에 모두 넣고, 편으로 썬 생강도 함께 넣어 보글보글 끓여주세요.
3 2의 소스를 부어주세요.
4 충분히 식힌 뒤 냉장고에 넣어 이틀 정도 숙성시키면 맛있는 장아찌가 됩니다.

tip

통마늘을 넣어줘도 좋아요.
소스의 단맛은 설탕으로 조절해주세요.

봄이 오기를 기다리는 마음
양파 딸기 돌나물 샐러드

레몬의 상큼함이 느껴지는 드레싱과 어우러지는 양파와 딸기, 그리고 돌나물의 향긋한 조화. 딸기가 제철인 봄과 어울리는 화사한 샐러드입니다.

딸기는 변비나 배탈 같은 장 트러블에 효과가 있는 펙틴 성분은 물론 비타민C가 풍부해 기미와 주근깨 제거, 윤기 있고 탱탱한 피부를 지켜주는 식품입니다. 또한 자일리톨 성분이 함유되어 입안을 상쾌하게 잇몸을 튼튼하게 만들어주며 항산화 작용까지 있다고 해요. 게다가 100g당 27kcal(딸기 한 개의 칼로리는 보통 5kcal)의 저칼로리 다이어트 식품으로도 손색이 없지요. 여기에 간과 위를 보호해주는 효과가 탁월한 대표적인 봄나물인 돌나물까지 함께 하니 맛과 약성은 물론 색감도 참 예뻐지겠지요? 비타민C 가득한 딸기와 몸에 좋은 양파, 돌나물이 한 데 어울린 샐러드로 봄날의 나른함을 날려버리세요.

돌나물 100g
딸기 150g
양파 1/4개
레몬즙 2큰술
곱게 다진 땅콩 1큰술
올리브유 1큰술
설탕 1/2큰술
소금 약간

1 딸기는 잘 씻고 꼭지를 떼어 4등분하고, 양파는 채 썬 다음 찬물에 담가 매운맛을 살짝 날려줍니다.
2 돌나물은 잘 씻어 물기를 빼고 손질한 양파와 딸기와 함께 볼에 담습니다.
3 모든 재료를 고루 섞은 뒤 드레싱을 만들어 부어주세요.
4 살살 버무려주면 완성입니다.

   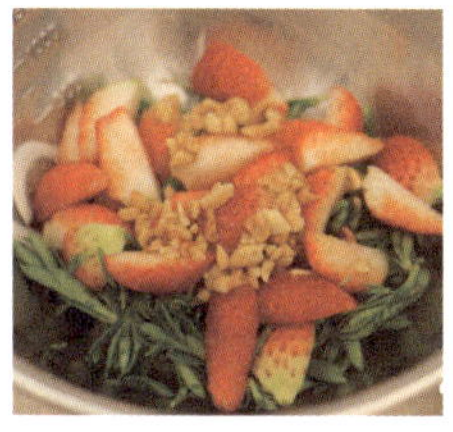

tip

키위나 파인애플 같은 과일을 같이 넣어도 좋습니다.
스테이크 등의 고기류를 먹을 때 함께 준비해보세요.

양파 무 피클

보글보글 끓인 라면을 보면 김치가 생각나고 짜장면을 보면 단무지가 생각나듯 피자나 파
스타 같은 음식을 접하면 절로 떠오르는 피클. 올리브오일 특유의 기름 맛을 새콤달콤 잡
아주는 피클 특유의 아삭아삭한 식감에, 우리가 알게 모르게 중독된(?) 탓일 겁니다.
소아비만부터 성인병까지, 혈압부터 당뇨까지, 우리 몸의 적신호 생활습관병 증세를 막아
주는 양파와 위장을 튼튼하게 해주는 무를 이용해 양파 무 피클을 만들어볼게요.
잘 만들어진 피클을 잘게 다져 소시지와 함께 빵에 넣어보세요. 뉴욕 핫도그가 부럽지 않
은 특제 간식이 됩니다.

무 1/5통
양파 1개
생강 2개
물 200ml
사과식초 100ml
설탕 5큰술
소금 2작은술
피클링 스파이스 2작은술

1 생강은 껍질을 벗기고 얇게 편으로 썰고 무와 양파는
  적당한 크기로 썰어주세요.
2 절임장 재료를 모두 냄비에 넣고 한소끔 끓여주세요.
3 유리로 된 밀폐용기에 1의 채소와 생강을 담고, 2의 절
  임장을 부어주세요.
4 한 김 식힌 뒤 냉장고에 넣어 보관합니다.

절임장을 끓이면서 간을 보고, 취향에 맞춰 설탕 양을 조절해주세요.
1~2일 정도 냉장고에 넣어두면 더욱 아삭한 맛이 납니다. 피클링 스파이스는 생략하셔도 됩니다.

차갑고 싱싱하게, 아삭아삭 가볍게
양파 코울슬로

양배추는 위장을 튼튼하게 하고 면역력을 강화시켜주는 좋은 음식입니다. 칼로리는 낮지만 우리들 식생활에서 부족하기 쉬운 리신(lysine), 비타민C와 칼슘은 물론 위궤양에 좋은 비타민U도 풍부하죠.

이러한 양파와 양배추를 이용한 요리, 코울슬로(coleslaw).

특유의 드레싱과 달콤하고 맵싸한 양파, 아삭아삭 경쾌한 식감의 양배추가 어우러진 음식이지요. 코울슬로는 네덜란드어로 '차가운 양배추'라는 뜻이에요. 그러니 만들어서 바로 드시는 것보다, 냉장고에 넣어 두었다가 이름처럼 차갑게 해서 드시면 더욱 맛있답니다. 당근과 오이, 옥수수, 파슬리와 후추 등 다른 재료들을 이용해 다양한 맛과 향을 연출해 보세요.

양파 1/2개
양배추 1/3통
마요네즈 4~5큰술
다진 양파 1큰술
설탕 1큰술
식초 1큰술
머스터드 2작은술
소금 약간

1 양배추는 채칼을 이용해 최대한 얇게 채썰어주세요.

2 채 썬 양배추는 잠깐 찬물에 담궈 아삭하게 만든 후 물기를 빼줍니다.

3 양파는 잘게 다지고 소스 재료를 모두 넣어 고루 섞어줍니다.

4 볼에 양배추와 소스를 넣고 잘 버무린 뒤 냉장고에 넣고 차게 해서 드시면 더 좋아요.

tip

기호에 따라 설탕의 양을 조절합니다.
다진 오이와 건포도를 함께 넣어줘도 잘 어울립니다.

양파 리코타 연어 샐러드

양파와 어울리는 육류가 돼지고기와 쇠간이라면, 양파와 어울리는
어류로는 연어를 들 수 있죠. 양파의 칼륨 성분이 혈압저하 작용을
하고 연어의 DHA와 EPA 성분에는 콜레스테롤 저하 작용이 있어서,
두 식품이 함께 하면 고혈압과 동맥경화 예방에 최고의 궁합을 이루
는 것이지요. 또 연어의 살짝 비린 뒷맛을 잡아주기에 양파만큼 개
운한 음식이 없거든요.

연어 샐러드는 식사와 함께 하기에도 좋지만 와인 안주로도 참 잘 어울려요. 와인을 부르
는 연어 샐러드, 리코타 치즈를 넣어 담백한 풍미를 더해보세요.

샐러드 잎채소 적당량
양파 1/3개
연어 1/2팩
리코타 치즈 적당량
올리브유 2큰술
레몬즙 1큰술
설탕 1/2큰술
소금 약간
후추 약간

1 샐러드 채소는 깨끗이 씻어 물기를 빼주고, 양파는 채썰
　어 접시에 담아주세요.
2 연어는 미리 실온에서 해동해, 한 장씩 돌돌 말아주
　세요.
3 잎채소 위로 연어를 담고 그 사이 사이에 리코타 치즈
　를 조금씩 올려줍니다.
4 레몬 드레싱을 고루 섞어 뿌려주면 완성입니다.

리코타 치즈 대신 크림 치즈를 조금씩 떠서 올려줘도 좋아요.
빵이나 크래커에 올려 카나페로 만들면 근사한 핑거푸드가 됩니다.

바다의 영양이 양파를 만나다
양파 미역 초무침

양파를 맛있게 생식하는 방법 중 하나로 초무침을 들 수 있겠죠. 생
선회나 골뱅이를 넣어 함께 무쳐주면 빠르게 만들 수 있는 안주로도
최고. 국수를 삶아 넣는다면 매콤한 식사 대용으로도 좋지요.
산후조리를 위해 아기 엄마들이 매끼 미역국을 먹듯, 미역은 몸에
참 좋은 식품입니다. 강한 알칼리성 식품이라 육류 등 산성식품을
먹을 때 잘 어울리고, 알긴산과 라미나린 성분은 혈압을 내리는 효과가 있습니다.
요오드, 칼슘, 아미노산 등 좋은 영양성분이 다량으로 함유되어 있지요.
을지로 골뱅이 무침이 부럽지 않은 맛좋고 영양 많은 양파 초무침, 오늘 만들어보세요.

양파 1/2개
건미역 한줌
통깨 약간
고추장 2큰술
식초 1큰술
설탕 1/2큰술
다진 마늘 1작은술

1 양파는 가늘게 채 썰고, 미역은 미리 10분 이상 불려주
세요.
2 불린 미역은 여러 번 헹궈 먹기 좋은 크기로 썰어줍
니다.
3 양념장 재료를 고루 섞어주세요.
4 양파, 미역, 양념장을 넣고 조물조물 무친 뒤 마지막에
통깨를 뿌려주면 완성입니다.

tip

미역의 비린 맛이 싫다면, 끓는 물에 10초 정도 데쳐낸 뒤에 사용해도 됩니다.
양념장을 넉넉히 만들어 삶은 소면을 함께 곁들여줘도 좋아요.

중화풍 양파 가지 볶음

맛있고 조리법도 간단하고 가격 부담도 없어서 중국 유학시절에 종종 만들어 먹었던 가지 볶음 요리. 몸에 좋고 달콤한 양파를 넉넉하게 넣고 만들어 보세요. 가지는 기름을 잘 빨아 들이는 성질이 있는데, 그래서인지 이 요리를 할 때만큼은 저도 모르게 기름을 듬뿍 넣게 된답니다.

여름이 제철인 보랏빛 채소 가지는 식이섬유 함량이 풍부하고, 특유의 보라색을 만들어내는 안토시아닌 색소가 세포 노화를 막아주고 시력 보호 효과도 있다고 해요. 또한 비타민 P(바이오플라보노이드) 성분은 혈관을 튼튼하게 해주어 고혈압이나 뇌출혈 환자에게 더없이 좋다고 합니다.

볶음 음식에 가장 잘 어울리는 가지와 사각사각 달콤하고 몸에 좋은 양파의 만남. 중화요리 식당에서 만날 법한 이색 볶음요리를 즐겨보세요.

가지 3개
양파 1개
다진 마늘 1작은술
설탕 2작은술
간장 6큰술
식초 6작은술
맛술 1작은술

1 양파는 채 썰고, 가지는 6cm정도 길이에 적당한 두께로 썰어주세요.

2 달궈진 팬에 오일을 두르고, 썰어 놓은 가지를 센불에서 살짝만 익혀주세요.

3 가지를 덜어내고, 같은 팬에 다시 오일을 약간 두르고 다진 마늘을 달달 볶아줍니다.

4 여기에 양파를 넣고 함께 볶다가 양념장을 넣어 끓인 뒤 미리 볶아 둔 2의 가지를 넣고 한 번 더 볶아 주면 완성입니다.

마지막에 고추기름을 약간 둘러주면 매콤한 맛을 느낄 수 있습니다.
센불에서 가지를 무르도록 충분히 볶아줘야 맛이 잘 어우러집니다.

양파 오이 냉국

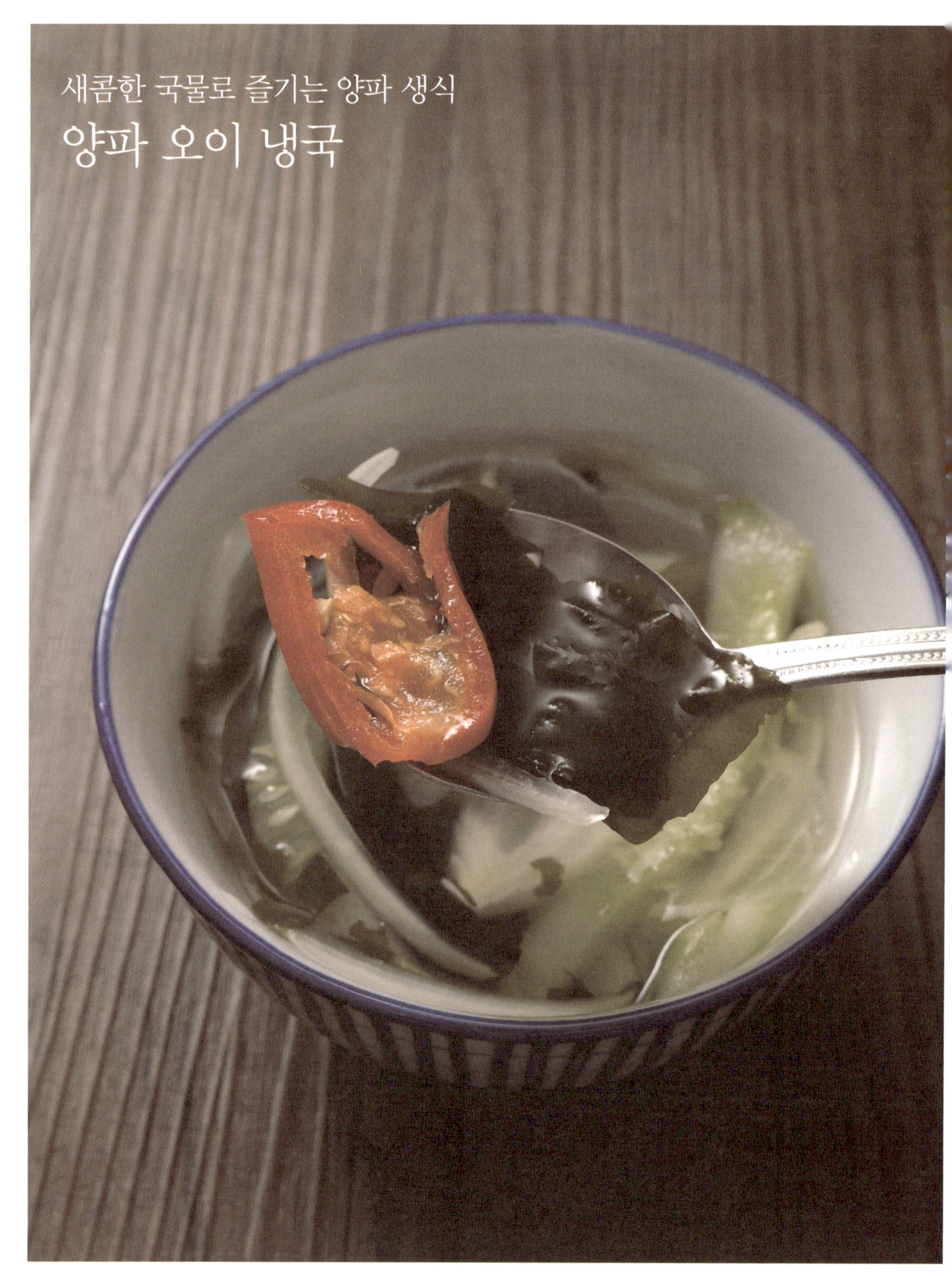

여름철 더위에 지친 입맛 살려주는 데 시원하고 새콤한 냉국만 한 게 없죠. 혈압 조절에 특효, 양파 생식까지 겸할 수 있는 양파 오이 냉국을 만들어보세요.

수분이 많은 오이는 체내의 노폐물과 중금속 등을 배출하는 효과가 있습니다. 또 오이의 껍질에는 혈당과 콜레스테롤을 낮추고 암세포의 증식을 억제하는 알카로이드가 많이 포함되어 있어요. 그러니 껍질을 깎아내지 말고 잘 씻어서 사용하는 게 좋습니다.

아구찜이나 낙지볶음처럼 매운 음식을 드실 때 함께 곁들여 주면 매운 입안을 달래주고 청량감마저 주는 양파 오이 냉국. 추운 겨울에 준비해도 좋아요.

건미역 반줌
양파 1/4개
오이 1/2개
홍고추 1/2개(생략 가능)
찬물 5컵
소금 1작은술
국간장 1/2큰술
식초 1~2큰술
설탕 1큰술
통깨 1작은술

1 양파는 가늘에 채썰어주세요. 오이와 고추도 어슷썹니다.
2 미역은 물에 10분 불린 다음 먹기 좋은 크기로 자릅니다.
3 끓는 물에 10초 정도 데쳐 찬물에 담궈줍니다.
4 육수에 오이, 미역, 고추, 통깨를 넣어주면 완성입니다.

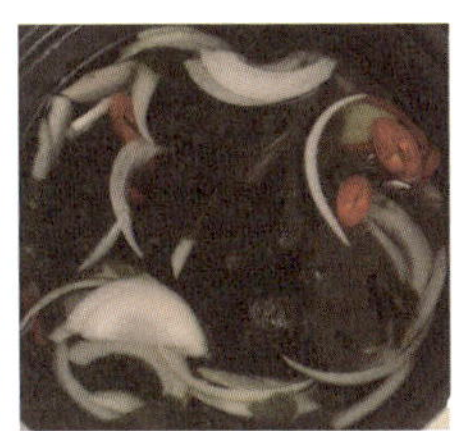

식탁에 올리기 전에 얼음을 동동 띄워줘도 좋아요.
기호에 따라 식초 양을 조절해주세요.

비오는 날 쫄깃쫄깃 아삭하게
양파전

오늘처럼 추적추적 비가 오는 날이면 꼭 생각나는 음식, 부침개! 부추전, 호박전, 녹두전, 해물파전, 김치전 등등 전도 피자만큼이나 종류가 다양한 것 같아요.

몸에 좋은 양파만을 이용한 전을 만들어볼 거예요. 다른 재료 없이 싱싱한 양파 한 알만으로도 충분히 맛있고 건강한 부침개를 만들 수 있답니다. 반죽의 쫄깃하고 고소한 맛과 구운 양파의 아삭아삭 달콤한 맛이 환상적으로 어우러진 양파전. 반죽에 쌀가루가 들어가 더욱 쫄깃한 맛을 자랑합니다. 여유 있는 분들은 여기에 막걸리 한 대접 곁들여도 좋겠지요?

양파 1/2개
밀가루 4큰술
쌀가루 1큰술
물 7~8큰술
소금 약간

1 양파는 최대한 얇게 채썰어주세요.
2 볼에 밀가루, 쌀가루, 물, 소금을 넣고 약간 묽게 반죽을 만들어 주세요.
3 2의 반죽물에 1의 양파를 넣고 고루 섞어줍니다.
4 달궈진 팬에 오일을 넉넉히 두르고, 반죽을 얇게 펼쳐 한 면을 충분히 익힌 뒤 뒤집어서 마저 부쳐주면 완성입니다.

tip

쌀가루는 생략하고 밀가루로만 반죽을 해도 됩니다.
시판 부침가루를 사용할 때는 소금을 생략해주세요.

급할 때 담가서 바로 먹는
양파 김치

한국사람 밥상에 빠지지 않는 김치. 늘 곁에 있을 땐 아무 것도 아닌
것 같지만 갑자기 뚝 떨어지는 날에는 왠지 밥상이 허전하게 느껴지
죠? 이럴 때 후다닥 만들기 좋은 게 바로 양파 김치랍니다.
김치 없으면 못 사는 가족들의 건강을 위해, 다른 김치가 있더라도
맛있고 몸에 좋은 양파 김치를 한 번 만들어보세요. 젓갈이 들어가
지 않아 깔끔하고 시원한 맛이 별미랍니다.

양파 2개
식초 2큰술
부추 반 줌
다진 마늘 1작은술
다진 생강 1/2작은술
고춧가루 1큰술반
국간장 1큰술
설탕 1작은술
매실청 1큰술

1 양파는 껍질을 벗기고 먹기 좋은 크기로 썰어 식초에
　15분 정도 절여주세요.
2 부추는 송송 썰어줍니다.
3 액젓에 고춧가루를 섞은 뒤 쪽파, 고추, 마늘, 생강, 설탕
　을 넣고 양념을 만들어주세요.
4 1의 양파에 넣고 함께 버무려주면 완성입니다.

양파를 식초에 절여두면 매운맛이 줄어듭니다.
부추 대신 쪽파를 송송 썰어 넣어줘도 좋아요.

ONION

양파 부추 겉절이 비빔밥

내 몸을 맑게 하는 양파 생식과 한 끼 식사를 동시에 해결하는 든든한 자연식. 양파를 비롯한 야채 한두 가지로 손쉽게 만들 수 있는 맛있는 양파 부추 겉절이 비빔밥입니다.

부추는 불교에서 오신채 중 하나로 꼽을 만큼 양기에 좋은 대표적인 식품이죠. 또한 몸을 따뜻하게 해서 어혈을 풀어주고 혈액순환장애를 개선해주는 효과를 가지고 있습니다. 그래서 어깨가 결린다거나 허리가 아플 때 최고라고 해요. 게다가 칼슘과 철분, 비타민C와 E 성분이 풍부하게 함유되어 간을 튼튼하게 만들어주는 효능까지 있답니다.

이렇게 몸에 좋은 부추와 양파로 겉절이를 만들어서 커다란 대접에 슥슥삭삭 맛있는 비빔밥을 해먹어 봐요. 여기에 두부를 구워 함께 먹으면 더욱 든든한 한 끼 식사가 완성된답니다.

양파 1/2개
영양부추 한줌(60g)
오이 1/3개

양념
식초 2큰술
설탕 1/2큰술
간장 1큰술
고춧가루 1큰술
매실청 1큰술
참기름 1/2큰술
통깨 약간

1 양파는 채 썰고, 영양부추는 깨끗이 씻어 4cm 길이로 썰어주세요.
2 오이는 반달 모양으로 어슷 썰고, 재료를 모두 섞어 양념장을 만들어줍니다.
3 부추와 양파를 고루 섞은 뒤 양념장을 넣고 가볍게 버무려주세요.
4 밥 위에 올린 뒤 기호에 따라 참기름을 약간 더 추가해주면 됩니다.

매실청이 없으면 설탕 양을 조금 더 늘려주세요.
겉절이로 만들어 두고두고 반찬으로 드셔도 좋아요.

양파 계란 파스타

파스타가 별 건가요? 소면 삶아서 냉장고 안의 김치와 나물 넣고 내 마음대로 비빔국수를 만들어 먹듯, 스파게티면 삶고 냉장고에 있는 재료 뒤져서 볶고 간하고 함께 섞어주면 나만의 특별 파스타가 완성되는 법이죠.

양파와 계란. 두 가지 재료만으로도 전문점 솜씨 부럽지 않은, 영양 균형 충분하고 맛도 깔끔한 파스타가 탄생한답니다. 애석하게도 달걀이 떨어졌다면, 양파만 듬뿍 넣고 양파 알리오 올리오로 만들어도 좋습니다.

 1인분

파스타 면 한 줌(약 70g)
마늘 2쪽
양파 1/2개
올리브유 4큰술
달걀 1개
소금 후추 적당량

1 냄비에 물 1L, 소금 1/2큰술 넣고 파스타 면을 약 9분 정도 삶는 동안, 마늘은 편으로 썰고 양파는 작은 깍두기 모양으로 썰어주세요.

2 달걀은 미리 풀어서 소금을 약간 넣어주세요.

3 달궈진 팬에 올리브유를 넉넉히 두르고, 마늘과 양파 순으로 볶다가 1의 삶은 면을 넣고 소금, 후추를 적당히 넣고 함께 볶아주세요.

4 마지막으로 풀어 놓은 달걀을 넣어 재빨리 섞은 뒤 마지막 간을 소금으로 맞춰주면 완성입니다.

tip

파스타마다 삶는 시간이 다르니, 포장에 적힌 시간에서 3분 정도를 빼고 삶으시면 됩니다.
매콤한 맛을 원하면 페페로치니 혹은 청양고추를 조금 다져 넣어도 좋아요.

부드럽고 담백한 아침 건강식
양파 치즈 오믈렛

바쁜 아침에 손쉽게 만들 수 있는 음식 오믈렛. 양파와 치즈를 넣어 식감과 영양, 맛과 향을 더했습니다. 계란에는 레시틴과 콜린, 비타민E가 들어 있어 두뇌 발달과 집중력 향상, 치매 예방에 좋아요. 아침에 먹는 계란은 또 높은 포만감을 주어, 절로 식사 조절 다이어트를 하게 되는 효과도 있답니다.

양파와 계란으로 매일 아침 간편한 건강 식사 놓치지 마세요. 도톰하게 부쳐 식빵 안에 넣고 샌드위치로 만들어도 좋습니다.

양파 1/2개
마늘 2쪽
달걀 3개
소금 약간
후추 약간
모짜렐라 치즈 3큰술
파마산 치즈가루 1/2큰술

1 마늘은 저미고, 양파는 채 썰어 준비합니다.

2 달걀은 잘 풀어 소금, 후추로 간을 합니다.

3 달궈진 팬에 오일을 두르고, 1의 마늘과 양파 순으로 볶아 그릇에 덜어낸 뒤 모짜렐라 치즈와 파마산 치즈를 넣고 고루 섞어주세요.

4 다시 달궈진 팬에 오일을 두르고 2의 달걀을 넓게 펼쳐 익히고, 반 정도 익으면 한쪽에 3을 올려 반으로 접어 치즈가 녹을 때까지 부쳐주면 완성입니다.

베이컨과 양송이버섯을 넣고 함께 볶아줘도 좋아요.
기호에 따라 토마토케첩을 곁들여 주세요.

맛있게 먹고 날씬해지자
양파 닭가슴살 스테이크

고단백 저지방으로 다이어트 하는 여성이나 초콜릿 복근 만드느라
바쁜 예비 몸짱 오빠들의 빼놓을 수 없는 다이어트 식품 닭가슴살.
하지만 잘못 조리하면 삼키기 버거울 만큼 뻑뻑한 음식이 되기 쉽지
요. S라인도 좋고 초콜릿 복근도 좋지만 맛없는 음식을 먹어야 하는
것 만큼 괴로운 일도 없잖아요.
먹을 때는 맛있게, 더불어 건강도 챙길 수 있는 닭가슴살 요리의 변
신. 발사믹 소스를 곁들인 양파 닭가슴살 스테이크입니다.

올리브유 1큰술
닭가슴살 2장
청양고추 1/2개
마늘 2개
소금 약간씩
후추 약간씩

양파소스
올리브유 1큰술
양파 1/2개
발사믹 식초 2큰술
간장 1큰술
설탕 1/2큰술

1 닭가슴살은 얇게 슬라이스 한 뒤 소금 후추로 밑간을
  하고, 청양고추와 마늘은 다져주세요.
2 달궈진 팬에 기름을 두르고, 다진 마늘과 다진 청양고추
  를 볶아주세요. 그리고 1을 넣습니다.
3 마늘향이 잘 배도록 앞뒤로 구운 뒤 접시에 담아둡니
  다.
4 팬에 기름을 다시 두르고, 채 썬 양파를 볶다가 소스를
  부어 졸인 뒤 3의 닭가슴살 위에 올려주면 완성입니다.

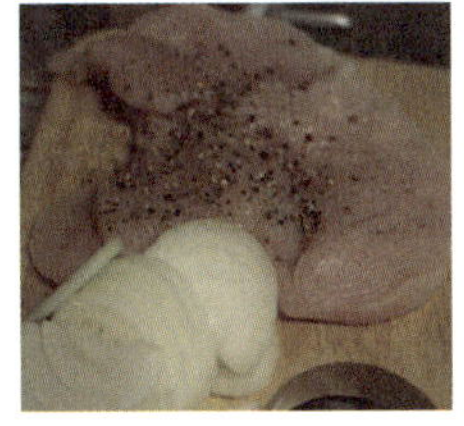

매운맛을 싫어하시면 청양고추는 생략하셔도 됩니다.
구운 닭가슴살을 적당한 크기로 썰어 양파와 함께 빵 사이에 넣고 샌드위치로 만들어도 좋습니다.

최고의 음식 궁합
양파 깻잎 돼지 불고기

고추장 대신 간장을 이용해 만든 돼지불고기에요. 매운 음식을 잘 못 먹는 아이들도 맛있게 먹을 수 있는 메뉴입니다.

돼지고기에는 비타민B_1이 풍부한데 양파에 함유된 유화아릴이 돼지고기 속 비타민B_1의 흡수를 촉진, 에너지대사가 활발해지고 피로회복을 돕습니다. 환상의 궁합 식품이라고 할 수 있지요.

향긋한 깻잎 향과 양파가 어우러져 언제 먹어도 질리지 않는 맛. 양파 깻잎 돼지 불고기로 든든하고 건강한 한 끼 식사를 준비하세요.

돼지고기 불고기용 300g
깻잎 3장
양파 1/2개
대파 1/2대

양념장
간장 4큰술
청주 2큰술
올리고당 1큰술
설탕 1큰술
다진 대파 1작은술
다진 마늘 1큰술
참기름 1큰술
다진 생강 약간

1 깻잎은 손으로 적당한 크기로 뜯고, 양파는 채 썰고 대파는 어슷썰기합니다.

2 돼지고기에 양념장과 양파, 대파를 넣고 함께 버무려 15분 정도 재워주세요.

3 달궈진 팬에 오일을 약간 두르고, 버무려 놓은 2의 돼지불고기를 볶아주세요.

4 고기가 다 익어갈 때쯤 1의 깻잎을 넣고 살짝 섞은 뒤 완성접시에 담아 통깨를 뿌려주면 완성입니다.

   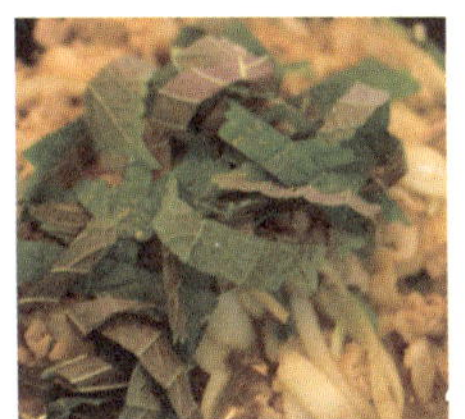

tip

각종 버섯을 함께 넣고 만들어도 좋아요.
국물을 넉넉하게 만들어 불린 당면을 넣어주세요. 겨울철 추천 요리, 전골이 됩니다.

돈까스의 촉촉한 변신
양파 돈까스 덮밥

만만한 외식 메뉴로, 집에서 준비하는 별식으로 가끔 찾게 되는 돈까스. 자작한 국물과 함께 즐기는 일본식 덮밥(돈부리)으로 만들어 보세요. 몸에 좋은 양파를 듬뿍 사용할 거예요.
아삭아삭 양파의 식감이 함께하는 돈까스의 촉촉한 변신. 집에서 손쉽게 만들 수 있는 양파 돈까스 덮밥입니다.

시판 돈까스 1장
(정육점에서 직접 만들어 파는
생 돈까스가 좋아요.)
달걀 1개
양파 1/2개
대파 1/3대
밥 1공기

육수
다시마 육수 150ml
맛술 5큰술
간장 4큰술
청주 2큰술
설탕 1/2~1큰술

1 180도 온도에서 돈까스를 앞뒤로 노릇하게 튀긴 뒤 키친타월 위에 올려 기름을 빼고 적당한 크기로 썰어주세요.

2 냄비에 쯔유 재료를 모두 넣고 채 썬 양파와 대파를 넣고 졸이다가 1의 돈까스를 넣어주세요.

3 마지막으로 달걀을 풀어 가장자리부터 조금씩 부어 줍니다.

4 오목한 그릇에 밥을 담고, 3의 돈까스를 올려주면 양파 돈까스 덮밥 완성입니다.

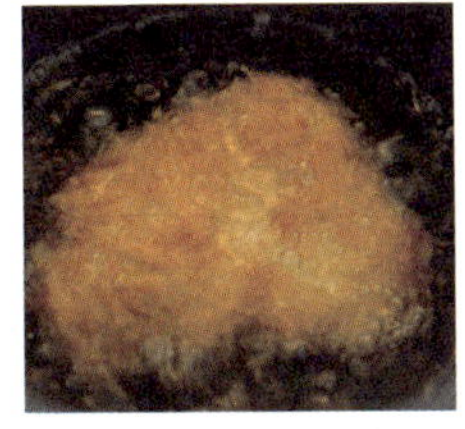

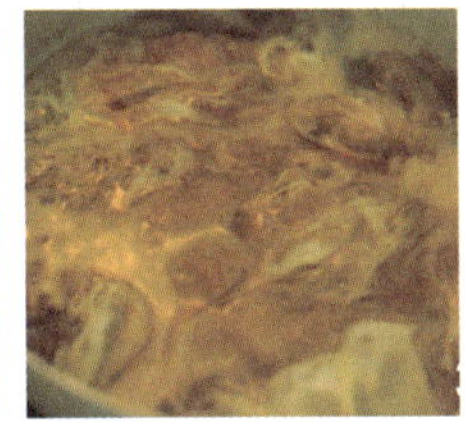

미리 만들어둔 다시마 육수가 없을 때는 소스 재료에 다시마를 함께 넣어 끓이다가 다시마를 먼저 건져 내면 됩니다. 기름에 퐁당 넣고 튀기는 돈까스가 부담스러우세요? 오일을 넉넉히 두르고 180도로 예열된 오븐에서 20분 정도 구워서 사용하세요.

5천만 국민의 대표 면식
양파 듬뿍 짜장면

탄생한 지 100여 년이 된, 매일 전국에서 36만 그릇도 넘게 팔린다는 한국인의 전통음식(?) 짜장면! 영원한 외식 메뉴이자, 라면과 더불어 '남이 먹는 걸 볼 때면' 본능적인 식욕을 억제할 수 없는 대표적인 음식이지요.

삼선짜장 간짜장 쟁반짜장 등등을 막론하고 짜장면의 제1재료는 역시 양파입니다. 양파를 팬에 달달 볶는 냄새에 문득 짜장면을 떠올리게 되는 것은, 언젠가부터 우리 미각과 후각에 길들여진 짜장 유전자(?) 때문일지도 모르겠네요.

싱싱한 양파를 듬뿍 넣고 5천만 국민의 대표 면식, 짜장면 한 그릇 만들어봅시다.

우동 사리면 2봉지
감자 1/2개
당근 1/4개
양파 1개
돼지고기 한 줌
표고버섯 1개
고명용 오이채 약간

돼지고기 밑간
맛술 1큰술
소금, 후추 약간씩

짜장소스
춘장 2큰술
포도씨유 1큰술 반
물 200ml
녹말가루 1큰술
소금 약간

1 양파와 모든 채소들은 적당한 크기로 썰어 준비하고 돼지고기는 미리 밑간을 해주세요.

2 달궈진 팬에 춘장 2큰술과 오일 1큰술 반을 넣고 달달 볶은 뒤 거름망에 걸러 기름을 빼주고 볶은 춘장만 따로 담아주세요.

3 팬에 오일을 두르고 돼지고기를 달달 볶다가, 1의 채소를 모두 넣고 달달 볶아주세요.

4 감자가 익으면 2의 춘장을 넣고 버무린 후, 녹말물을 넣고 걸쭉하게 농도를 맞춰주세요.

5 마지막 간은 소금으로 맞추고, 삶은 우동면에 부어주면 완성입니다.

단맛을 좋아하시면 짜장 소스를 만들 때 설탕을 1큰술 추가해주세요.
우동면 대신 좋아하는 면사리를 이용해도 좋습니다.

양파 두부 스테이크

단백질 풍부하고 식물성 지방과 칼륨, 칼슘, 아연, 철 등이 균형 있게 들어 있는 두부. 리놀산이 풍부해 콜레스테롤 수치를 낮추고 체내의 과산화지질 발생을 막아 동맥경화를 예방하는 효과가 있는 식품입니다. 또 두부에 있는 대두사포닌은 당이 지방으로 변하거나 장에서 지방이 흡수되는 것을 억제해 다이어트와 성인병 예방에 정말 좋다고 해요.

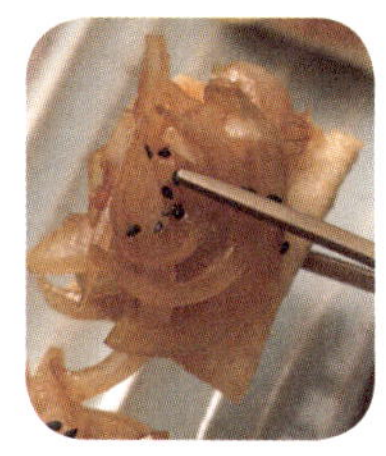

몸에 좋은 두부와 몸을 건강하게 하는 양파의 환상적인 만남, 양파 볶음을 곁들인 두부 스테이크를 소개합니다. 한식 상차림에 간편하고도 색다른 사이드메뉴로 최고랍니다. 양념에 다진 마늘 대신 다진 생강을 넣어줘도 잘 어울립니다.

양파 1/2개
두부 1/2모
소금 약간
전분가루 적당량

양념
간장 1큰술
물 1큰술
청주 1큰술
설탕 1작은술
다진 마늘 1/2큰술
참기름 1/2큰술

1 두부는 적당한 두께로 썰고 소금을 뿌려 10분 정도 두세요.
2 물기를 제거한 두부에 전분가루를 묻혀 달궈진 팬에서 노릇하게 부쳐줍니다.
3 채 썬 양파를 달달 볶다가 양념 재료를 모두 넣고 함께 볶아줍니다.
4 2의 부쳐진 두부에 양파를 예쁘게 넉넉히 올려주면 완성입니다.

두부를 오븐에 구워 사용해도 됩니다.
두부를 더 큼직하고 도톰하게 부쳐서 햄버거 스테이크처럼 썰어 드셔도 좋아요.

매콤새콤 후루룩 별미
양파 비빔국수

매콤새콤 후루룩 쫄깃 입맛 살려주는 사계절 별미 음식, 비빔국수입
니다. 양념장에 잘게 다진 양파가 어우러져, 다른 부재료 없이도 충
분히 맛있는 국수가 탄생했습니다.
생식으로 즐기는 양파의 아삭아삭 맵지만 달콤한 맛을 즐겨보세요.
여름이면 각종 야채 뜯어 넣고 더욱 건강하게 즐길 수 있는 음식이
지요.
단맛이 더 강한 붉은 양파를 사용해봤습니다.

소면 한 줌
양파 1/3개

양념장
고추장 2큰술
식초 1큰술
설탕 1/2큰술
참기름 1큰술

1 양파는 잘게 다져주세요.
2 양념장 재료에 1의 다진 양파를 넣고 잘 섞어줍니다.
3 냄비에 물을 넉넉히 넣고, 끓으면 소면을 약 4분정도 삶
　은 뒤 찬물에서 여러 번 헹궈줍니다.
4 소면과 양파 양념장을 넣고 고루 비벼주면 완성입니다.

양념장에 다진 김치를 넣어줘도 잘 어울립니다.
기호에 따라 삶은 달걀, 오이 채를 고명으로 올려주세요.

양파 참스테이크

손님 초대했을 때 간단하면서도 멋지게 준비할 수 있는 찹스테이크.
쇠고기는 필수아미노산을 갖춘 양질의 단백질원으로 어린이 성장
발육과 어른들 원기 보강에 참 좋은 식품이죠. 그러나 그 자체의 기
름 때문에 섭취 후 우리 혈액이 산성화될 수 있는데, 여기에 양파를
곁들이면 이 작용을 막아줄 수 있는 좋은 궁합이 됩니다.
쇠고기에 오일, 소금, 후추를 미리 뿌려 간이 배도록 해주세요. 양파
를 듬뿍 곁들여 더욱 맛있고 건강한 찹스테이크입니다.

소고기 안심 또는 등심 1장
양파 1/2개
피망 1/2개

소스
간장 1큰술
설탕 1/2큰술
발사믹식초 2큰술

1 소고기와 양파, 피망은 모두 비슷한 크기로 잘라주세요.

2 달궈진 팬에 오일을 두르고 소고기를 볶으면서 소금, 후추를 뿌려줍니다.

3 양파, 피망도 넣고 센불에서 함께 볶다가 소스를 넣어주세요.

4 소스가 재료에 잘 베이면 완성입니다.

tip

찹스테이크는 센불에서 빠르게 볶아주는 것이 포인트입니다.
소스 없이 소금, 후추, 허브로만 간을 맞춰도 좋아요. 홀그레인 머스터드와도 잘 어울립니다.

노란색 향신료의 비밀
양파 카레 우동

인도는 전 세계적으로 치매 발생률이 가장 낮은 나라입니다. 이는 인도인들이 우리네 된장찌개 끓이듯 각종 향신료를 섞어서 만들어 먹는 커리(Curry) 덕분이라고 합니다.

카레 특유의 노란색은 주재료 중 하나인 강황 또는 울금(Curcuma longa)이라 불리는 식물의 뿌리에서 나오는 천연 색상인데, 바로 이 색은 커큐민(curcumin)이라 불리는 물질에 의한 것입니다. 커큐민 성분은 강력한 항산화 물질로 세포의 산화를 방지하고 염증을 감소시켜 치매를 예방하고 지연시키는 것으로 추정되고 있습니다. 또한 위산 분비를 효과적으로 조절하고 억제해 위염이나 위궤양 같은 질환을 막아준다고 합니다.

인도식과는 다르지만, 커큐민 성분이 든 일본식 카레를 색다르게 즐길 수 있는 카레 우동을 소개합니다.

우동사리면 2개
다진 쇠고기 150g
양파 1개
물 500m
소금 후추 약간씩

카레소스
고형카레 2조각
토마토소스 2큰술
우스터소스 1큰술
간장 1작은술

1 다진 쇠고기는 키친타월 위에 올려 핏물을 빼고, 양파는 잘게 다져줍니다.

2 달궈진 팬에 오일을 약간 두르고 쇠고기를 볶다가 양파를 넣어 볶은 뒤 소금, 후추로 간을 해주세요.

3 물을 붓고 카레소스 재료를 넣고 중불에서 걸쭉하게 끓여주세요.

4 우동면은 끓는 물에 2분 간 삶은 뒤 그릇에 담고, 3의 카레를 듬뿍 올려주면 완성입니다.

tip

토마토소스 대신 케첩을 사용해도 됩니다.
우스터소스가 없을 때는 간장 1작은술을 추가해주세요.

든든하고 쫀득한 곡식의 힘
양파 리조또

기름이나 버터에 쌀을 살짝 볶은 다음 뜨거운 육수를 부어 만드는 이탈리아 요리 리조또. 국물을 천천히 부어가며 계속 저어주되, 너무 오래 익히지 않는 것이 포인트죠. 하룻밤 충분히 불린 잡곡 쌀을 이용해 치즈 리조또를 만들어보겠습니다.

짭짤 고소한 치즈와 쌀알, 아삭아삭한 양파의 색다른 조화를 만들어 냅니다. 좋아하는 치즈를 다양하게 넣어주세요. 보리를 이용해서 만들어도 좋습니다.

양파 1/2개
잡곡쌀 7큰술
다시마 육수 500ml
마늘 4쪽
버터 1큰술
파마산 치즈 가루 2큰술
소금 약간씩
후추 약간씩

1 현미쌀은 하룻밤 정도 충분히 불리고, 양파는 채썰어주세요.
2 달궈진 팬에 오일을 두르고, 편으로 썬 마늘을 넣고 달달 볶아줍니다.
3. 여기에 1의 양파를 넣고 함께 볶다가 불린 잡곡쌀을 넣고 소금을 넣어 간이 배도록 합니다.
4 3에 다시마 육수를 여러 번 나눠 넣으며 쌀을 익혀주세요.
5 쌀이 익으면 버터와 파마산 치즈를 넣고 부족한 간은 소금으로 맞춰줍니다.
6. 마지막으로 후추와 허브를 살짝 뿌려주면 완성입니다.

잡곡쌀 대신 불린 백미나 보리쌀을 이용해도 됩니다. 시간이 없을 때는 생쌀 대신 밥을 이용해 도리아처럼 만들어도 좋아요.
다시마 육수는 물 500ml에 손바닥만 한 다시마 한 조각을 넣고 1시간 이상 우려내면 됩니다.

양파 우엉 잡채

잡채 좋아하는 분들 많죠? 우리네 잔칫상에서 빼놓을 수 없는 대표 메뉴. 하지만 재료가 여러 가지 들어가는 데다 손이 많이 가는 음식이라 한번 만들려면 각오를 해야 하는 음식이기도 하죠. 우엉과 양파, 당면만으로 간단하게 맛있게 잡채를 만들어볼게요.

사찰음식에도 즐겨 쓰이는 뿌리채소 우엉은 풍부한 식이섬유를 가진 건강 다이어트 식품입니다. 우엉의 셀룰로오스와 리구닌 등 성분은 장의 소화운동을 자극해서 콜레스테롤, 중성지방, 당분, 발암물질 등 노폐물과 유해물질을 몸 밖으로 배출하는 효능이 있어요. 그래서 일본에는 "우엉을 많이 먹으면 늙지 않는다"는 속담도 있대요.

맛있고 몸에 좋고, 또 간단하고 빠르게 만들어 즐길 수 있는 우엉 양파 잡채, 오늘 한번 만들어 보세요.

우엉 1대
양파 1/2개
당면 한 줌
통깨 약간

양념
간장 2큰술
설탕 1작은술
참기름 1/2큰술

1 우엉은 껍질을 벗기고 물에 담가 갈변현상을 막아주세요.
2 양파는 채 썰고, 양념 재료는 고루 섞어줍니다.
3 당면은 끓는 물에 넣고 약 4분간 삶아준 뒤, 달궈진 팬에 오일을 두르고 1의 우엉을 센불에서 달달 볶아주세요.
4 우엉이 든 팬에 양파를 넣고 함께 볶다가 당면과 양념 재료를 넣어 함께 볶은 뒤 완성접시에 담고 통깨를 약간 뿌려주면 완성입니다.

tip

홍고추와 풋고추를 씨를 털어내고 가늘게 채 썰어 함께 볶아주면 더욱 매콤하고 색감 예쁜 잡채가 됩니다.
우엉은 센불에서 달달 볶아야 특유의 아린 맛이 사라집니다.

양파 오징어 볶음

육류에는 없는 EPS와 DHA 등 고도 불포화 지방산이 풍부해 두뇌
개발과 치매 예방에 도움이 되고, 쇠고기보다 16배나 많이 함유된
타우린 성분이 콜레스테롤을 억제시켜주는 데다 피로회복 효과까지
있는 오징어. 양파 듬뿍 썰어 넣고 맛있는 볶음을 만들어봐요.
어릴 적 엄마가 만들어주셨던 오징어 볶음에는 얇게 썬 감자가 들어
있었어요. 지금도 그때 생각에 오징어 볶음을 만들 때면 감자 반 개
를 썰어넣곤 한답니다.
집집마다 대개 비슷하지만 들어가는 재료며 양념까지 저마다 다른 오징어 볶음. 하지만
남은 양념에 밥을 비벼 먹는 건 언제나 똑같지요.

오징어 1마리
양파 1/2개
대파 1/2뿌리
홍고추 1/2개

양념장
고추장 1큰술 반
설탕 1큰술
고춧가루 1//2큰술
간장 1큰술
다진 마늘 1작은술
다진 생강 1/2큰술
후추 약간
참기름 1큰술

1 오징어는 칼집을 사선으로 넣어 적당한 크기로 썰어주
   세요.
2 채소는 모두 적당한 크기로 썰고, 양념장을 잘 섞어 미
   리 준비합니다.
3 센불로 달궈진 팬에 오일을 약간 두르고, 양파를 볶아
   향을 낸 뒤 오징어를 넣고 볶아주세요.
4 여기에 양념장을 넣고 고추와 대파를 넣고 불을 줄여서
   볶다가 소금, 후추를 넣어 간을 맞춰주면 완성입니다.

오일을 넉넉히 두르고, 오징어를 먼저 센불에서 볶다가 채소를 넣어주면 물이 많이 생기지 않아요. 오삼불고
기를 만들 때에는 미리 양념장에 고기를 재워두었다가 고기 먼저 볶고 오징어, 채소 순으로 조리하면 됩니다.

ONION

양파 퀵 브레드

양파 좋은 것은 알지만, 아이들이 열심히 먹어주지 않으니 안타까울 뿐. 이럴 때 양파 가득 넣고 빵을 만들어보세요. 발효 과정을 거치지 않고 손쉽게 만들 수 있는, 이름 그대로 '퀵 브레드'! 갈색이 나도록 양파를 오래 볶아주는 게 포인트입니다.

향긋하고 달콤한 양파의 맛과 향이 따뜻하고 쫄깃한 빵의 식감과 기막히게 어울리는 조합입니다.

박력분 120g
베이킹파우더 4g
두유 100g
유기농설탕 30g
카놀라유 24g
아가베시럽 20g
양파 큰 것 1개
소금 약간

1 양파는 채 썰어 달궈진 팬에 오일을 두르고 갈색이 나도록 10분 이상 볶으면서 소금을 약간 넣어주세요.
2 볼에 두유, 설탕, 오일, 시럽을 넣고 설탕이 녹도록 힘차게 휘핑해 줍니다.
3 여기에 체친 가루류를 담고 거품기로 크게 원을 그리며 섞다가 날가루가 약간 남았을 때 볶아두었던 양파를 넣고 반죽을 아래서 위로 올리듯이 섞어주세요.
4 미니 파운드 틀에 유산지를 깔고 반죽을 채운 뒤 180도로 예열된 오븐에서 30~35분간 구워주면 완성입니다.

반죽을 너무 오래 섞게 되면 밀가루에서 글루텐이 나와 구워졌을 때 떡 같은 식감이 날 수 있습니다. 빠르게 섞어주세요. 양파는 오래 볶을수록 그 풍미가 깊어집니다.

향긋하고 든든한 간식
양파 허브 스콘

속을 넣지 않고 가볍게 부풀도록 철판이나 오븐에 구운 밀가루 빵, 스콘. 스코틀랜드에서 시작된 음식으로 심플함이 매력인 음식이지요.

크림 치즈와 양파, 허브를 넣어 맛과 향과 영양을 업그레이드한 스콘입니다. 반죽을 빠르게 할수록 겉은 바삭 속은 촉촉한 식감이 됩니다.

영국인들이 홍차와 함께 즐겨 먹는다는 스콘. 여유 있게 더욱 건강하게 즐겨보세요.

양파 1개
박력분 250g
통밀 50g
베이킹 파우더 5g
소금 1작은술
유기농 황설탕 15g
크림 치즈 100g
우유 90g
달걀 1개
허브류 약간

1 채 썬 양파는 달궈진 팬에 올리브유를 두르고, 노릇하게 볶아주세요.
2 체친 가루류를 볼에 담고 설탕과 소금, 허브를 넣고 고루 섞어주세요.
3 여기에 차가운 크림 치즈를 넣고 스크래퍼나 푸드프로세서에 넣고 으깨어가며 고루 섞어 보슬보슬하게 한 뒤 가운데 홈을 내어 우유와 달걀 섞은 것을 넣고 뭉쳐주세요.
4 날가루가 약간 남았을 때 1의 볶은 양파를 넣고 한 덩이로 뭉쳐주세요. 반죽 밀대로 밀어 쿠키커터로 모양을 내고 180도에서 20분간 구워주면 완성입니다.

박력분 대신 중력분을 사용해도 됩니다.
우유 대신 생크림을 넣어주면 더욱 부드러운 식감의 스콘이 됩니다.

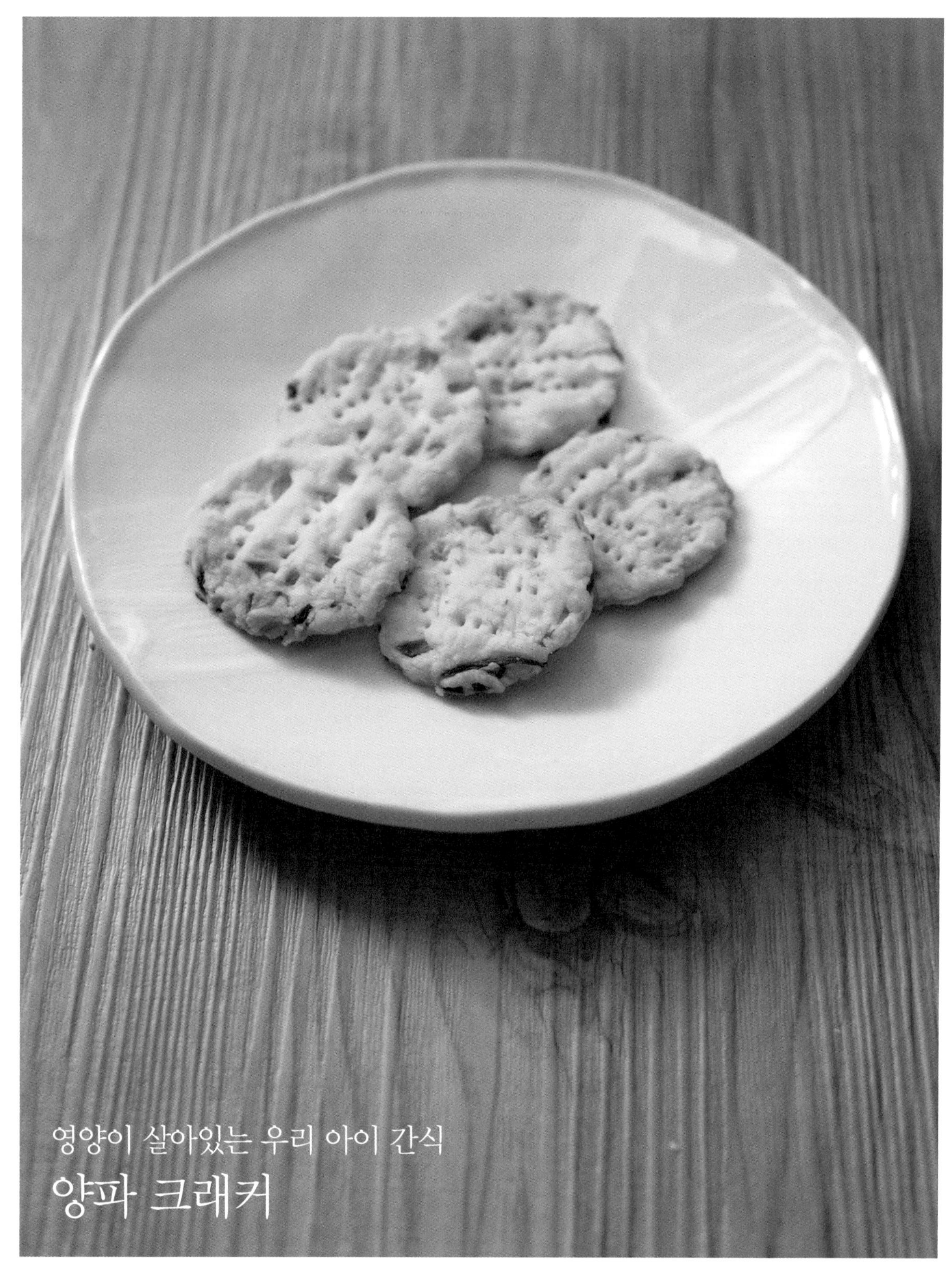

영양이 살아있는 우리 아이 간식
양파 크래커

요즘도 시판되는 모 제과의 역사 깊은 상품 '야채 크래커'. 그 초록
색 포장지를 기억하는 분들 많죠? 야채 중의 건강 야채, 양파를 듬뿍
넣어 더욱 맛있는 진짜 야채 크래커를 만들어 봐요. 밀가루, 소금, 오
일, 여기에 양파 한 알 있으면 아주 훌륭한 크래커가 완성됩니다.
간식은 물론 간단한 맥주 안주로도 최고랍니다.

박력분 120g
소금 1g
카놀라유 20g
물 2~3큰술
양파 50g
파슬리허브 약간

1 양파는 아주 잘게 다져주세요.

2 체 친 박력분에 소금, 허브를 넣고 고루 섞어줍니다.

3 여기에 오일을 넣고 손으로 비벼가며 섞어 오일이 밀가
　루에 배도록 한 뒤 1의 양파를 넣고 물을 넣어가며 반죽
　의 질기를 맞춰 주세요.

4 한 덩어리로 뭉친 뒤 유산지를 깔고 반죽을 두께 4mm
　정도로 얇게 밀어 쿠키커터로 찍어 모양을 내고 포크
　로 구멍을 내주세요.

5 170도로 예열된 오븐에서 25~30분간 구워주면 완성
　입니다.

양파에서 나오는 즙에 따라 수분의 차이가 있을 수 있습니다.
처음부터 물을 한 번에 다 넣지 말고 반죽의 질기에 따라 조절해주세요.

온가족이 좋아하는 영양 간식
양파 참치 미니 케이크
Kitchen Board

담백한 빵도 좋지만, 부재료가 많이 들어가는 조리 빵도 만드는 재미나 먹는 재미가 각별하지요. 케이크라고 버터크림이나 생크림, 초코크림만 들어가라는 법은 없잖아요. 양파와 캔 참치, 치즈가 들어간 영양 만점 케이크는 어떠세요?
오메가3와 불포화지방산이 풍부해 심혈관질환·항암 효과가 탁월한 참치, 양파와도 맛이 잘 어울리는 사이입니다. 여기에 청양고추를 다져 넣어주니 깔끔함에 매콤함까지. 케이크를 뛰어넘는 요리 케이크. 가족을 위해 만들어 보세요.

박력분 100g
두유 100g
달걀 2개
카놀라유 65g
슬라이스 치즈 2장
베이킹 파우더 4g
소금 약간
참치 캔 120g
양파 1/2개
청양고추 1/2개(생략 가능)

1 참치는 기름기를 제거하고, 양파와 청양고추, 치즈는 잘게 썰어주세요.
2 볼에 달걀을 풀고 핸드믹서로 거품을 내다가 두유를 조금씩 넣어 섞어주세요.
3 오일을 조금씩 넣고 체 친 박력분, 베이킹파우더를 1/2만 넣고 참치, 치즈, 양파를 넣어 살살 섞어주세요.
4 여기에 나머지 가루류를 모두 다 넣고 날가루가 보이지 않을 정도만 섞은 후 틀에 70%만 담고 180도로 15~20분 구워 주면 완성!

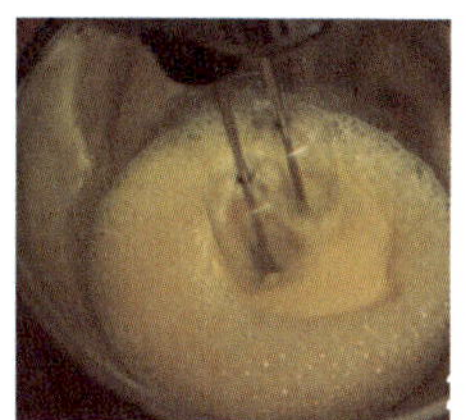

두유 대신 우유를 사용해도 됩니다.
모짜렐라 치즈를 약간 넣어줘도 잘 어울립니다.

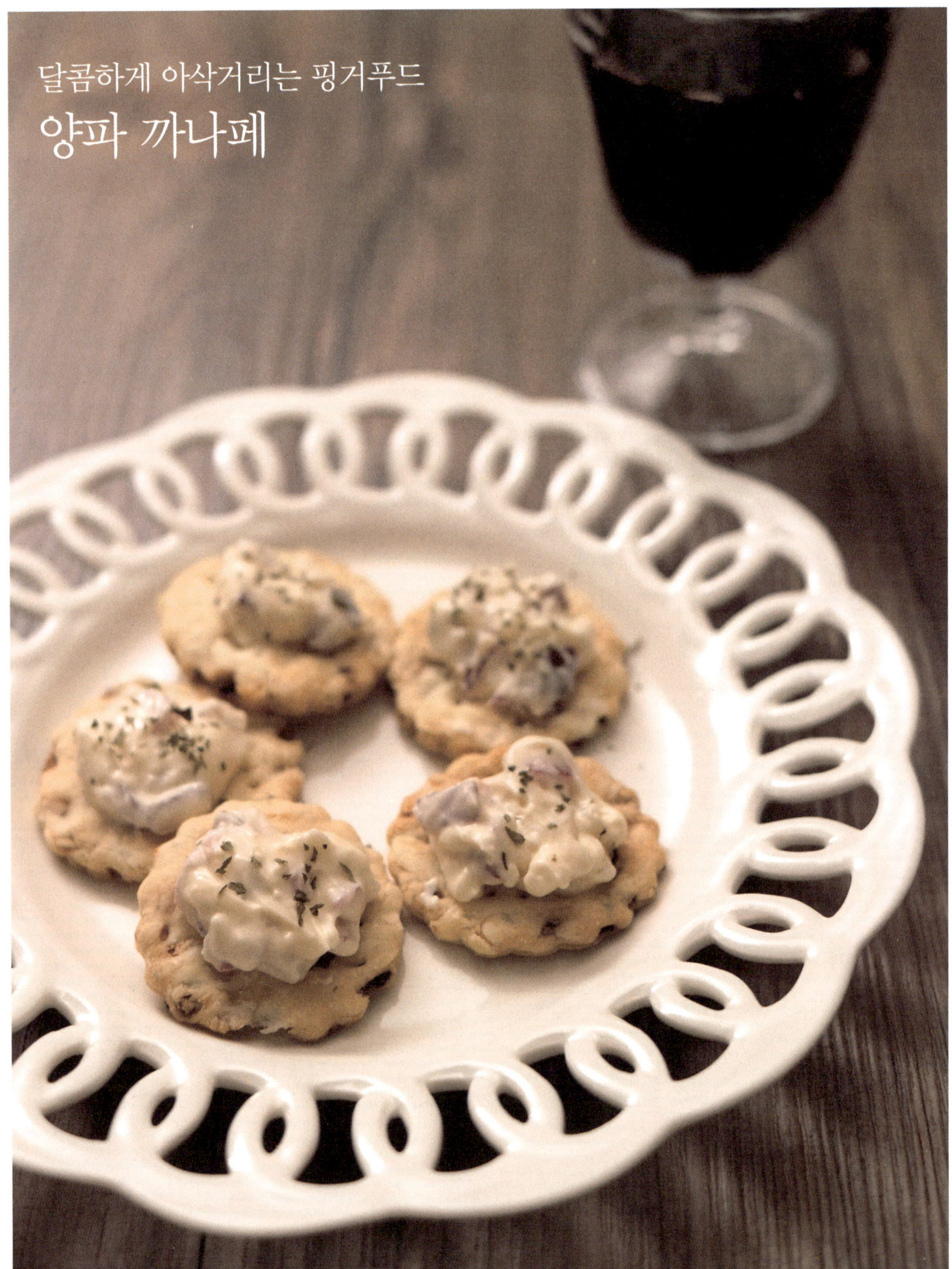

양파 까나페

빵이나 크래커 위에 여러 가지 재료를 올려서 한입에 쏙 먹을 수 있는 서양 전채요리. 육류, 어패류, 계란, 치즈 등 올리는 재료에 따라 맛도 모양도 다양하게 즐길 수 있지요.

크림 치즈에 양파와 메이플 시럽을 넣어 색다른 까나페를 만들어봤어요. 메이플 시럽은 칼륨, 칼슘, 마그네슘이 풍부하고 항암 효과가 탁월한 식품입니다. 그 달콤함에 더해 깊은 맛의 크림 치즈와 아삭하게 씹히는 양파의 조화!

식탁을 더욱 화사하게 만들어주는 와인 안주로 강력 추천합니다.

크래커 10개
크림 치즈 2큰술
다진 양파 1큰술
메이플 시럽 1큰술
소금 약간
파슬리 가루 약간

1 크림 치즈는 미리 실온에 꺼내두고 숟가락으로 저어 부드럽게 만듭니다.

2 크림 치즈에 메이플 시럽과 소금 약간을 넣고 고루 섞어주세요.

3 2에 다진 양파를 넣고 섞은 뒤 크래커에 조금씩 올려줍니다.

4 마지막에 파슬리 가루를 약간씩 뿌려주면 완성입니다.

tip

메이플 시럽 대신 꿀이나 올리고당을 넣어줘도 됩니다.
크래커 대신 식빵이나 바게트 위에 올려 핑거푸드로 만들어도 좋아요.

상큼하고 가벼운 발효 음식
양파 오이 요거트

우유를 발효해서 만드는 걸쭉한 형태의 음료 요거트. 터키어로 야후르토(Jahurto)라고 불리던 것이 영어로 요거트가 되었다가 다시 요구르트로, 일본을 거쳐 야쿠르트로까지 바뀌었지만 한 종류의 발효 음식입니다. 우리나라에는 야쿠르트 아주머니들이 전파한 음료가 먼저 시작되었지만 요즘은 제대로 된 오리지널이라고 할 수 있는 걸쭉한 요거트 제품들이 많이 나와 있지요.

요거트에 오이와 레몬즙, 약간의 올리브유를 넣고 그리스식 요거트를 만들어볼게요. 여기에 몸에 좋은 양파도 빠질 수 없겠지요. 샐러드용 드레싱으로 사용해도 좋고, 구운 채소 등을 찍어먹는 디핑소스로도 잘 어울려요.

플레인 요거트 100ml
양파 1/4개
오이 1/4개
레몬즙 1큰술
꿀 1큰술

1 양파를 잘게 다져주세요.
2 오이도 잘게 다져주세요.
3 플레인요거트에 1의 양파, 레몬즙, 꿀을 넣고 고루 섞어줍니다.
4 다진 오이를 넣고 섞은 후 차게 해서 드시면 더욱 맛이 좋아요.

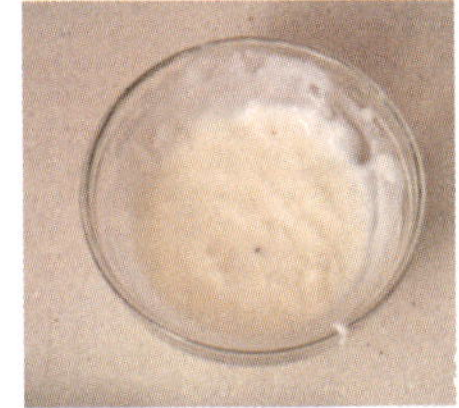

드레싱으로 사용할 때는 올리브유를 약간 추가해주세요.
고수나 파슬리 잎을 다져 넣어도 특별한 맛이 납니다.

껍질의 영양을 시원한 음료로
양파껍질차

양파를 요리할 때면 늘 나오는 양파 껍질. 음식물쓰레기에 섞어서 무심코 버리셨나요? 모르면 낭비요 알면 건강하고 알뜰한 살림의 달인이 될 수 있습니다. 양파 껍질을 모아 차를 만들어보세요.

양파에는 알러지를 다스리고 심장병과 성인병 등 바이러스성 질환 예방에 효과가 있는 '퀘르세틴'이라는 성분이 있는데, 이게 양파 껍질에 가장 많이 들어 있다고 해요.

여름날, 냉장고에 넣어 두었다가 얼음 동동 띄워 시원하게 드셔보세요. 무더위도 싹 가시고 건강도 챙기는 양파의 선물입니다.

양파 큰 것 2개 분량의 껍질
물 1L

1 양파 겉껍질을 벗겨내어 잘 씻어주세요.

2 냄비에 물을 붓고 1의 양파 껍질을 넣고 센불에서 끓여주세요.

3 끓기 시작하면 불을 낮춰 20분 정도 뭉근하게 끓여주세요.

4 껍질을 걸러내고 냉장고에 보관해주세요.

tip

양파 뿌리를 함께 넣어줘도 좋습니다.
얼음을 띄워 차게 드셔도 되고, 꿀을 약간 넣어 따뜻하게 드셔도 좋아요.

몸에 좋은 최강의 약주
양파 와인

스페인의 맛, 레드 와인에 여러 가지 과일을 넣어 차갑게 먹는 샹그리아(sangria) 아시죠? 달콤한 과일 대신 몸에 좋은 양파를 넣어 특별한 와인을 만들어보세요. 양파 와인, 그 약성과 특유의 향 때문에 일본에서도 한때 크게 유행했던 음식입니다.

《타임》지가 발표한 '세계 10대 건강식품' 중 하나로 뽑혔을 만큼 뛰어난 효능을 갖고 있는 레드 와인. 폴리페놀 성분이 멜리닌을 억제해서 피부의 노화를 억제하고, 체지방을 감소시키는 효과도 뛰어나서 성인병 예방에도 탁월하며, 위장을 튼튼하게 해서 변비와 설사를 억제하는 한편 심장병 등의 원인이 되는 나쁜 콜레스테롤을 억제하는 성분이 함유되어 있습니다. 뿐만 아니라 항산화 효과가 뛰어나서 혈액순환을 돕고 피부를 탱탱하게 유지시켜준다고도 합니다.

이처럼 매일 적당량 마시면 몸에 더 없이 좋은 와인에 양파의 약성까지 더해졌으니, 이게 바로 진정한 의미의 약주겠죠?

양파 2개
레드 와인 1병

1 양파는 껍질을 벗기고, 적당한 크기로 썰어주세요.
2 유리로 된 밀폐용기에 1의 양파를 담고 레드 와인을 부어주세요.
3 실온에서 2~3일 정도 숙성시킨 뒤 냉장고에 넣어 보관합니다.
4 양파는 건져내고 잔에 부어 마십니다.

하루에 소주잔으로 한두 잔 정도를 꾸준히 마셔주면 효과가 좋다고 합니다.
기호에 따라 양파 양을 늘려도 됩니다.

붉은 색 라이코펜과 양파의 유혹
양파 토마토 스무디

"토마토가 빨갛게 익을 때면 의사들의 얼굴이 파랗게 질린다"는 재치 있는 서양 속담처럼, 토마토는 우리 몸에 참 좋은 과일입니다. 토마토 붉은 색의 라이코펜 성분은 항산화 작용을 하는데, 특히 고기의 기름과 불이 만날 때 발생되는 발암물질을 중화시키는 역할을 합니다. 이 라이코펜 성분은 베타카로틴에 비해 2배 강력한 항산화 기능으로 피부 노화를 억제하며 식욕 호르몬을 조절하여 다이어트에 도움을 주는 것은 물론, 몸의 활성산소를 막아주고 동맥의 노화 속도를 늦춰준답니다.

이처럼 몸에 좋은 토마토와 양파가 한 데 어우러지는 음료를 만들어볼게요. 양파를 살짝 얼려 매운맛을 날린 뒤 토마토와 함께 갈아 마시는 환상적인 맛, 양파 토마토 스무디입니다. 여기에 오이, 피망 등을 다져 함께 넣고 올리브유와 함께 곱게 갈아주면 차가운 토마토 스프로 변신합니다.

양파 1/4개
토마토 1개
레몬즙 1큰술
꿀 1큰술

1 양파는 잘게 썰어 냉동실에서 30분 정도 얼려주세요.
2 토마토는 적당한 크기로 썰어줍니다.
3 양파와 토마토, 레몬즙, 꿀을 믹서에 넣고 곱게 갈아주세요.
4 기호에 따라 얼음을 추가합니다.

tip

단맛은 꿀이나 천연시럽으로 조절해주세요.
양파의 매운맛이 싫다면 토마토의 양을 조금 더 늘려주세요.

ONION

양파 치즈 토스트

매일 똑같은 간식만 해주기 망설여질 때, 식빵과 양파와 모짜렐라
치즈로 간단하고 맛있는 토스트를 만들어보세요. 성장기 어린이들
을 위한 최고의 영양 간식. 편으로 썬 양파가 도톰하게 들어가 아삭
아삭 씹는 맛도 즐겁고 그 향이 치즈와 어우러지면서 자꾸만 먹고
싶어지는 감칠맛의 토스트입니다.
먹기 좋게 적당한 크기로 썰어서 주세요.

식빵 2장
양파 작은 것 1개
버터 2작은술
모짜렐라 치즈 적당량
그뤼에르 치즈 적당량

1 양파는 얇게 썰어 준비해주세요. 버터는 전자레인지에
   녹입니다.
2 식빵에 녹인 버터를 바르고 그 위에 1의 양파를 올려줍
   니다.
3 모짜렐라 치즈를 올리고 그 위에 그뤼에르 치즈를 뿌려
   주세요.
4 180도로 예열한 오븐에서 5분 정도 구워주면 완성입니
   다.

기호에 따라 다양한 종류의 치즈를 준비해보세요.
양파를 미리 팬에서 한 번 익힌 뒤에 빵 위에 올려 구우면 더욱 부드러운 식감이 됩니다.

짭짤하고 고소한 간식 겸 술안주
양파 연어 까나페

연어와 양파가 얼마나 궁합이 잘 맞는 음식인지, 앞에서 설명한 적 있죠? 두뇌 건강에 최고로 좋은 연어. 큰 슈퍼에 가면 진공포장 된 훈제 연어를 손쉽게 고를 수 있잖아요. 이번 주말 특별 메뉴로는 술 안주와 간식으로 최고인 양파 연어 까나페를 만들어보세요. 재료를 많이 준비했다면 빵 없이 샐러드로만 즐겨도 좋아요. 드시고 남은 샐러드는 바게트나 식빵 사이에 넣어 최고급 샌드위치로 활용 해보세요.

호밀빵 적당량
크림 치즈 스프레드
연어 샐러드

크림 치즈 스프레드
크림 치즈 2큰술
다진 쪽파 2작은술
다진 호두 1작은술
후추 약간

연어 샐러드
훈제 연어 1/4팩
다진 양파 1큰술
레몬즙 1큰술
올리브유 1큰술
설탕 1작은술
소금 · 후추 약간

1 호밀빵은 미리 팬이나 오븐에서 살짝 구워주세요. 양파 는 잘게 다집니다.
2 크림 치즈 스프레드 재료를 모두 고루 섞어 준비해줍 니다.
3 훈제 연어는 잘게 다진 뒤 다진 양파와 레몬즙, 올리브 유, 설탕, 소금, 후추에 버무려주세요.
4 1의 빵에 크림 치즈를 바르고, 3의 연어를 소복히 올려 주면 완성입니다.

tip
호밀빵 대신 바게트나 식빵을 이용해도 됩니다.
크림 치즈 스프레드를 만들기 번거롭다면 크림 치즈만 발라줘도 좋아요.

간단하지만 든든하고 맛있는
양파 참치 샌드위치

오늘처럼 화창한 일요일, 가까운 공원이나 축구장으로 나들이를 떠나기에 앞서 도시락을 준비하는 것도 즐거운 일이지요. 그런데 김밥은 나름 번거로운 데다 식상하기도 하고, 간단하지만 맛있고 든든한 샌드위치는 어떨까요.

'심플하지만 맛있다'라는 표현이 딱 맞는 참치 샌드위치. 참치와 양파, 마요네즈만으로 언제 먹어도 참 맛있는 샌드위치가 완성됩니다. 사과를 다져 넣어주면 상큼한 맛이 더해집니다.

식빵 4장
통조림 참치 2큰술
양파 1/4개
마요네즈 2큰술
머스터드 소스 1작은술
후추 약간
레몬즙 약간(생략 가능)

1 양파는 잘게 다지고 참치는 기름을 뺀 뒤 양파와 함께 섞어줍니다.

2 여기에 마요네즈와 머스터드 소스를 적절히 넣고, 레몬즙과 후추도 조금 뿌려 고루 섞어주세요.

3 식빵에 2를 펴 발라준 다음, 다른 식빵을 덮어 샌드위치를 만들어줍니다.

4 샌드위치 위에 묵직한 접시 같은 것을 올려 잘 밀착되도록 해준 뒤, 가장자리를 칼로 잘라 내어 삼각형 모양으로 썰어 주면 완성입니다.

tip

매콤한 맛을 좋아하시면, 여기에 청양고추 반 개를 다져 넣어도 좋아요.
다진 양파를 찬물에 10분 정도 담가두면 매운맛이 조금 사라집니다.

양파 달걀 베이글 샌드위치

양파와 삶은 달걀, 치즈를 넣어 만드는 기본적인 샐러드입니다. 반찬
으로도 좋고 어떤 빵과도 잘 어울리는 샐러드죠.
쫄깃쫄깃 고소한 베이글 안에 이 샐러드를 넣고 샌드위치를 만들어
볼게요. 건포도와 얇게 썬 오이를 넣고 함께 버무려줘도 맛있어요.

베이글 빵
양파 1/4개
달걀 1개
슬라이스 치즈 1장
마요네즈 1큰술
머스터드 1작은술
후추 약간
소금 약간

1 베이글은 반으로 썰어 준비해주세요.

2 달걀은 삶고, 양파는 잘게 다져주세요.

3 1의 달걀과 양파에 마요네즈, 머스터드, 후추, 소금을 넣
   고 골고루 섞어주세요.

4 베이글 안쪽에 3의 재료를 담고 슬라이스 치즈 1장을
   올린 뒤, 다시 달걀 샐러드를 올려 빵으로 덮어주면 완
   성입니다.

베이글 대신 치아바타빵이나 모닝빵을 사용해도 잘 어울립니다.
다진 오이피클의 물기를 살짝 제거해서 함께 넣어줘도 좋아요.

벌집 모양 와플 속에
양파의 향이 가득
양파와플

와플 좋아하시는 분 많죠? 카페에서 아이스크림이나 과일, 생크림을 함께 곁들여 내는 와플은 물론, 호떡 팔고 붕어빵 팔듯 와플을 구워 파는 노점상도 종종 볼 수 있고, 굽는 기구를 가지고 집에서 직접 만드는 분들도 많아졌지요.

오늘은 현미가루를 넣어 식감도 쫄깃하고, 양파를 넣어 맛과 영양을 더욱 풍부하게 한 양파 와플을 만들어볼게요. 양파를 얇게 채 썰어 반죽에 듬뿍 넣어주세요. 구워지면서 매운맛은 사라지고 특유의 개운한 달콤함이 느껴집니다.

양파 1/2개
박력분 70g
현미가루 30g
베이킹파우더 3g
소금 1g
달걀 1개
설탕 15g
물 120g
토핑용 메이플 시럽 적당량
(손바닥 크기의 와플 3개 분량)

1 양파는 가늘게 채썰어주세요.

2 달걀을 풀어 설탕과 소금, 물을 넣고 섞다가 체 친 가루 류를 넣고 고루 섞어줍니다.

3 여기에 1의 양파 채를 넣고 섞은 뒤 달궈진 와플팬에 오일을 약간 바르고 반죽을 떠서 올려주세요.

4 중약불에서 앞뒤로 3~4분간 익혀 노릇해지면 완성접시에 담고 메이플 시럽을 뿌려주세요.

---

tip

물 대신 두유나 우유를 넣어주면 더 좋아요.
현미가루가 없으면 박력분이나 통밀로 대체해주세요.

전문점 솜씨가 부럽지 않다
떠먹는 양파 피자

짜장면과 탕수육을 제치고 외식·배달음식의 강자로 자리를 굳히고 있는 피자. 몇 해 전부터는 피자 도우가 없이 치즈와 소스, 토핑만으로 만들어진 일명 '떠먹는 피자'가 인기를 끌고 있지요. 양파가 고온에서 익으면서 토마토소스와 어우러지는, 스튜처럼 떠먹는 피자. 삶은 파스타면을 넣어 그라탕처럼 만들어도 좋고 빵과 함께 곁들여 소스처럼 찍어먹어도 참 맛있습니다.

양파 2개
토마토소스 적당량
올리브 3알
모짤렐라 치즈 적당량

1 양파는 가로로 0.5cm 두께로 썰어 팬에서 앞뒤로 적당히 익혀주세요.

2 그라탕 용기에 1의 양파를 담고 그 위로 토마토소스를 발라줍니다.

3 모짜렐라 치즈를 뿌리고 다진 올리브, 파슬리 가루도 올려주세요.

4 180도로 예열된 오븐에서 치즈가 녹을 정도로 약 10~15분 정도 익혀주면 완성입니다.

올리브와 함께 옥수수나 햄을 다져 토핑으로 올려줘도 좋아요.
토마토소스 대신 시판 스파게티 소스를 활용해도 됩니다.

간단한 맛이 가장 좋은 맛
양파빵

"간단한 게 가장 좋은 것(Simple is the Best)"이라는 스티브 잡스의 디자인 철학처럼, 복잡하고 거창한 음식을 만들어야만 요리인 것은 아닙니다. 귀한 재료들을 많이 쓸수록 좋은 요리가 되는 것 또한 아니지요. 반짝이는 아이디어를 발휘해 냉장고 안에 있는 것만으로 색다른 음식을 만들어내는 것도, 때로는 최고의 요리법이 되곤 합니다.

식빵과 양파만 있으면 완성되는, 간편하고 맛있는 양파빵을 소개합니다. 파스타와 함께 곁들이는 식전 빵으로도 좋고 출출한 오후, 커피와 함께 티푸드로도 손색이 없는 음식입니다.

식빵 2장
양파 1/2개
올리브유 1큰술
설탕 1/2큰술
소금 약간
파슬리 약간

1 양파는 아주 가늘게 채썰어주세요.
2 1의 양파에 올리브유, 설탕, 소금, 허브를 넣고 고루 버무려줍니다.
3 식빵 위에 2를 소복히 올려주세요.
4 180도로 예열된 오븐에서 그릴 모드로 10~15분 구워주면 됩니다.

오븐을 사용하지 않을 때는 식빵 먼저 팬에서 노릇하게 굽고, 그 위로 양파를 볶아 올려주면 됩니다.
바게트으로 만들어도 좋습니다.

편의점보다 간편하고 든든하게
양파 참치 삼각김밥

일본의 전통 주먹밥 오니기리를 새롭게 발전시킨 우리나라 편의점
의 삼각김밥들. 연간 판매량이 3억 개가 넘고, 그 종류가 무려 50종
가까이 된다고 하네요. 양파와 참치를 넣어 건강도 챙기고 뱃속도
든든한 양파 참치 삼각김밥을 만들어봅시다.

밥이 뜨거울 때 식초, 설탕, 소금을 적당히 넣어 섞어주면 따로 양념
을 끓이지 않아도 밥에 간이 잘 뱁니다. 삼각김밥이나 주먹밥, 볶음
밥 등은 질지 않고 꼬들꼬들한 밥으로 만들어야 더욱 맛있다는 거, 잘 아시죠?

밥 1공기
김 적당량

밥 양념
식초 1큰술
설탕 1/2큰술
소금 1/2작은술

참치양념
참치 캔 1/2개분량
양파 1/4개
마요네즈 1큰술반
와사비 1작은술
후추 약간
(삼각김밥 2개 분량)

1 밥이 뜨거울 때 식초, 설탕, 소금을 넣고 고루 섞은 뒤
  식혀주세요.
2 다진 양파와 기름기를 뺀 참치를 볼에 담고 마요네즈,
  와사비, 후추를 넣고 고루 버무려줍니다.
3 손에 물을 묻혀 밥을 꼭꼭 쥐면서 삼각형 모양으로 만
  들어주세요.
4 김을 밥에 잘 감싼 뒤 윗면을 눌러 2의 참치 양파를 소
  복하게 올려주면 완성입니다.

tip
와사비는 생략하셔도 됩니다.
위에 올리는 대신 밥 안에 넣고 잘 감싸줘도 좋아요.

웨지 양파 고구마

양파와 고구마를 쐐기[Wedge] 모양으로 썰어서 구운 음식입니다. 시원한 맥주 한 잔 생각 날 때, 칼로리 걱정 없이 먹을 수 있는 색다른 메뉴죠.

고구마는 100g당 128kcal로, 낮은 칼로리는 아니지만, 위에 머무는 시간이 길기 때문에 배고픔을 덜 느끼고 오랜 시간 에너지를 발산할 수 있도록 도와줘서 다이어트에 아주 좋은 식품입니다. 생고구마를 자르면 세라핀이라는 하얀 액체가 나오는데, 변비 예방에 탁월한 성분이라고 합니다. 다이어트를 하다 보면 변비로 고생하는 경우가 많은데, 이래저래 성공적인 다이어트를 위한 식품인 셈이지요.

양파 1개
고구마 1개
올리브유 1큰술
소금 약간
후추 약간
허브 약간

1 고구마는 깨끗이 씻어 껍질째 반달 모양으로 썰어주세요.
2 양파도 고구마와 비슷한 크기로 썰어줍니다.
3 볼에 올리브유, 소금, 후추, 허브를 담고 고루 섞은 뒤 고구마와 양파를 넣고 잘 버무려줍니다.
4 180도로 예열된 오븐에서 20~25분 정도 구워주면 완성입니다.

tip

고구마 대신 감자를 이용해도 좋아요.
머스터드 소스나 토마토케첩을 곁들이면 더욱 잘 어울립니다.

깔끔하고 맛있게
양파 김치 브루스케타

얇게 썬 바게트 위에 토마토, 치즈, 올리브오일, 각종 향신료를 얹어서 먹는 이탈리아 전채요리 브루스케타(bruschetta). 토마토만큼이나 몸에 좋은 양파, 향신료만큼이나 쓰임새가 다양한 우리 식탁의 만능재주꾼 김치를 이용한 양파 김치 브루스케타를 만들어볼게요. 허브향을 좋아하신다면 바질을 추가로 사용하셔도 물론 좋겠지요. 넉넉히 만들어 냉장고에 넣어두었다가, 때 되면 바게트나 식빵 위에 올려 오픈 샌드위치로 먹기 좋은 양파 김치 브루스케타. 김치와 고추장이 들어가서 따끈한 밥과 함께 하는 덮밥으로도 좋습니다.

양파 1/2개
가지 1/4개
주키니호박 1/5개
피망 1/6쪽
마늘 1쪽
다진 김치 1큰술
올리브유 2큰술
슬라이스한 바게트 적당량
토마토소스 4큰술
고추장 1작은술
소금 약간
후추 약간
허브 약간

1 슬라이스한 바게트를 팬에서 앞뒤로 노릇하게 부쳐주세요.
2 모든 채소는 잘게 다지고, 김치는 살짝 씻어 물기를 꼭 짠 뒤 다져줍니다.
3 올리브유를 두른 팬에 1의 채소와 김치를 넣고 볶다가 소스 재료를 모두 넣고 함께 섞어주세요.
4 소금, 후추, 허브를 살짝 뿌린 뒤 조금씩 덜어 바게트 위에 올려주면 완성입니다.

tip

다진 소고기를 넣고 함께 볶아주면 더욱 좋아요.
완성된 브루스케타 위에 치즈를 듬뿍 뿌려줘도 맛있답니다.

양파 흰콩 수프

어린 시절 엄마가 종종 끓여주셨던 콩죽. 후후 불어가며 한 숟갈 두 숟갈 먹다보면 추운 겨울철 얼어붙었던 마음까지 훈훈해지곤 했지요. 그 시절을 떠올리며, 몸에 좋은 양파를 더해 스프를 끓여봤어요.

흰콩(백태, 장콩, 대두)에는 단백질과 지방은 물론 각종 비타민이 풍부한데, 특히 많이 함유된 비타민 B군은 에너지대사를 활발하게 해 피로회복에 좋다고 합니다. 흰콩의 지방은 대부분 불포화지방산으로, 그중 50% 이상이 리놀렌산으로 성인병을 예방해주는 효과가 있습니다. 또한 흰콩의 레시틴은 콜레스테롤을 선별해 몸에 해로운 것은 배설시키고 좋은 것은 증가시키는 작용을 해서 동맥경화를 예방해줍니다.

건강 가득한 양파 흰콩으로 가볍고 든든한 한 끼 준비해보세요.

 **2인분**

흰콩 1컵
양파 1개
채소 국물 3컵
천일염 약간
현미식초 1~2큰술
후추 약간

1 흰콩은 하룻밤 불린 뒤 푹 삶고, 양파는 잘게 다져주세요.
2 냄비에 오일을 두르고, 양파를 볶다가 소금을 넣고 투명해질 때까지 볶아줍니다.
3 1의 콩을 넣고 채소국물을 자작하게 부은 뒤 천일염으로 간을 맞춰주세요.
4 20분 정도 끓인 뒤에 한 김 식으면 곱게 갈아주세요.
5 너무 되직하다 싶으면 채소를 조금 넣어주세요. 식초와 후추를 넣고 마지막에 파슬리를 약간 뿌려주면 완성입니다.

tip

평소 자투리 채소들을 모아두었다가 물과 함께 뭉근하게 끓인 뒤 건더기는 건져내고 채소 국물을 만들어보세요. 냉장고에 보관해 두었다가 필요할 때 사용하면 간편합니다.
채소 국물 대신 다시마 우린 물을 사용해도 됩니다.

하루에 한 끼
양파요리 비법 노트

초판 1쇄 인쇄   2013년 10월 25일
초판 1쇄 발행   2013년 10월 30일

지은이 김민지
펴낸이 방지선
펴낸곳 일월담

주 소 서울시 마포구 마포동 324-3 경인빌딩 3층
전 화 02)3143-7995
팩 스 02)3143-7996
등 록 2003년 9월 30일 제 313-2003-00324호
이메일 booksorie@naver.com

ISBN 978-89-6745-022-9 13590